W0471073

ES IST EGAL, WO DU HERKOMMST!

DAWID PRZYBYLSKI

ES IST EGAL, WO DU HERKOMMST!

Wie ich durch Onlinemarketing zum Millionär wurde

CAMPUS VERLAG
FRANKFURT/NEW YORK

MIX
Papier aus verantwortungsvollen Quellen
FSC® C089473

Klimaneutral
Papier
ClimatePartner.com/13732-1910-1001

ISBN 978-3-593-51612-7 Print
ISBN 978-3-593-45196-1 E-Book (PDF)
ISBN 978-3-593-45195-4 E-Book (EPUB)

Unter Mitarbeit von Dr. Petra Begemann, Bücher für Wirtschaft + Management, www.petrabegemann.de

Umschlaggestaltung: Zeichenpool, München
Umschlagmotiv: Dawid Przybylski © Ronny Barthel
Innengestaltung und Satz: Oliver Schmitt
Gesetzt aus der Ivy Style und DIN Nesxt
Druck und Bindung: Beltz Grafische Betriebe GmbH, Bad Langensalza
Beltz Grafische Betriebe ist ein klimaneutrales Unternehmen (ID 15985-2104-1001).
Printed in Germany

www.campus.de

Inhalt

MEINE GESCHICHTE

VON POLEN NACH PLETTENBERG ZUM EIGENEN PORSCHE

»Du musst nicht spitze sein, um anzufangen. Aber du musst anfangen, um spitze zu werden.«

Zig Ziglar

»Ich würde den umbringen!« Mein sonst eher ruhiger Vater war außer sich, als ich eines Tages vom Sport nach Hause kam. Es hatte sich schnell herumgesprochen, dass nur ein paar Blocks weiter ein Wohnungseinbruch passiert war. Die Bewohner lebten immer mal wieder zwei bis drei Monate im Ausland. Das wussten alle in unserem Viertel. Irgendwer hatte ihre Abwesenheit genutzt, die Wohnung durchwühlt und Wertgegenstände wie den Fernseher und andere Geräte mitgehen lassen. Nein, nicht »irgendwer«. Ich musste schlucken, denn ich wusste ziemlich genau, was abgelaufen war. Zwei Tage zuvor hatte ich selbst in dem Haus gestanden, mit meinen Kumpels Murat, Jakub, Anton, Ünal, Deniz, Roman und Luki.[1] Das war die letzte in einer langen Reihe von Mutproben, in der wir, eine Gang von ungefähr zehn Jungs aus aller Herren Länder, einen Nervenkitzel nach dem anderen suchten. Wir sprangen zum Beispiel im Gewerbegebiet von Flachdach zu Flachdach. Der Absturz aus über 15 Metern hätte den Tod bedeuten können, mindestens den Rollstuhl. Wir knackten den Cola-Automaten in der Eingangshalle eines Bürogebäudes und schafften es, vor der Polizei davonzurennen. Unsere »Beute«: eine Dose Cola pro Nase. Und so weiter. Alles ziemlich bescheuert und sicher grenzwertig, aber eher ein Jungenstreich als schwer kriminell.

Der Moment, der mein Leben veränderte

Dann kam der Tag, an dem einer von einer »geilen Sache« schwafelte und ich mich plötzlich in diesem Hausflur wiederfand. Und in einem lichten Moment aus dem allgemeinen Testosteron-Nebel auftauchte und erschrocken feststellte: »Ey, das hier ist Einbruch.« Ich drehte auf dem Absatz um, nachdem ich verkündet hatte: »Ich komme nie wieder!« Bis heute denke ich, das war einer der wichtigsten Momente in meinem Leben. Ein *life-changing event*, wie man neudeutsch sagt. Ich war 13 Jahre alt und lebte seit meinem fünften Lebensjahr in Plettenberg, einem Städtchen im Sauerland, das sich heute als die Vier-Täler-Stadt vermarktet. Das Plettenberg meiner Kindheit war weniger idyllisch – ein Vorort, der diplomatisch als sozialer Brennpunkt umschrieben wurde. Von den vielen Kindern, die in unserer Straße lebten, waren vielleicht 5 Prozent in Deutschland geboren. Die übrigen: Türken, Serben, Kroaten, Iraner oder Polen. Ich fand das spannend, auch wenn der Umgangston rau war und Prügeleien zum Alltag gehörten – schon, weil Serben und Kroaten sich gerade »zu Hause« im ehemaligen Jugoslawien einen blutigen Krieg lieferten. Meine Familie hatte es aus Polen hierher verschlagen. Meine Mutter, mein Bruder und ich durften 1984 als Spätaussiedler ausreisen, denn meine Großmutter mütterlicherseits war Deutsche. Mein Vater war bereits zwei Jahre zuvor aus seinem kommunistischen Heimatland geflüchtet. Ihn hatte eine Arbeitsstelle nach Plettenberg geführt. Drei Wochen verbrachte ich mit meiner Mutter und meinem Bruder in den Durchgangslagern Friedland und Unna Massen. Dann waren die bürokratischen Hürden genommen und unsere Familie war wieder vereint.

Was mich geprägt hat

Auch wenn sich das jetzt merkwürdig anhört: Ich hatte eine glückliche Kindheit. Meine Eltern kümmerten sich um uns Kinder. Ihre größte Verfehlung bestand aus meiner damaligen Sicht darin, mich mit zehn Jahren unbedingt aufs Gymnasium schicken zu wollen – eine Episode, die ich dank chronischer Lernfaulheit schnell beenden konnte. Mein älterer Bruder und ich hielten zusammen und fanden schnell Freunde. Ich lernte nicht nur Deutsch, sondern konnte bald auch ein paar Brocken Türkisch und Kroatisch. Bei uns war immer was los, und ich bekam schon im Grundschulalter mit, wie unterschiedlich Menschen ticken. Und dass man mit den meisten gut auskommen kann, wenn man sie einfach akzeptiert, wie sie sind.

Ich hatte sozusagen eine Multikulti-Kindheit, bevor das Wort Multikulti überhaupt erfunden war – nur eben nicht auf einer internationalen Privatschule mit anderen Akademikerkindern, sondern völlig kostenlos auf der Straße direkt vor unserem Wohnblock. Bis heute kann ich mich schnell auf andere Menschen und Kulturen einstellen. Ich denke sogar darüber nach, einen Zweitwohnsitz in Dubai zu haben, wo ich bereits einen Teil des Jahres lebe. Ich habe keine Scheu, auf Menschen zuzugehen, egal wie sie aussehen oder wie sie angezogen sind. Das hat mir im Business schon oft geholfen.

Im Rückblick war meine Kindheit eine Schulung in Mut und Durchsetzungskraft. Wer sich gegen den Anführer seiner Jugendbande behauptet hat, den kann kein noch so anspruchsvoller Kunde mehr schrecken. Meine Kumpels aus der Mutproben-Zeit sitzen heute zum Teil im Knast. Einer verdient sein Geld als Zuhälter. Warum ich eine andere Richtung eingeschlagen habe, mit dem Umweg über das Gymnasium und die Realschule doch noch Fachabitur machte, studierte und schon im Studium mein erstes richtiges Business gründete? Ich bin sicher: ***alles Einstellungssache, eine Frage des Mindsets.*** Und dieses Mindset entsteht schon sehr früh, wie ich heute weiß.

Der Held meiner Kindheit war mein polnischer Großvater, bei dem ich regelmäßig die Sommerferien verbrachte – für mich wie für die meisten Kinder die beste Zeit des Jahres und ein echtes Kontrastprogramm zum Plettenberger Alltag. Mein Großvater hatte ein Transportunternehmen. Mit seinem Lastwagen transportierte er so gut wie alles, was von A nach B musste: Holz, Kohle, Sand, Baumaterial, Möbel ... Diese Form der Selbstständigkeit erlaubte das kommunistische Polen gerade noch. Ich war in den Ferien immer dabei, half mit und lernte auf diese Weise viel über Geld und über Verhandeln. Mein Opa war jeden Morgen früh auf und hatte alles im Griff. Er besaß ein großes Netzwerk und gehört zu den fleißigsten Menschen, die ich je kennengelernt habe. Noch heute, mit 95 Jahren, spielt er Fußball mit meinen Söhnen, wenn wir ihn und meine Oma in Polen besuchen. Von meinem Großvater habe ich gelernt, hart zu arbeiten, und vor allem, wie man Geschäfte macht. Auch mein Vater arbeitete hart in einem Stahlwerk und schlug sich zusätzlich die Nächte um die Ohren, weil er auf eine Selbstständigkeit als Unternehmensberater hinarbeitete. Er übte diesen Beruf einige Zeit aus, nahm nach Krankheit und Reha-Maßnahme jedoch wieder eine Festanstellung als Fahrer für Gefahrguttransporte an. Das Unternehmertum liegt bei uns sozusagen in der Familie und man kann gar nicht früh genug damit anfangen. Schon in der Grundschule verkaufte ich mein altes Spielzeug auf dem Flohmarkt und verdiente Geld mit kleinen Fahrradreparaturen. Mein Umfeld war daran nicht unschuldig: Denn hätte ich das auch gemacht, wenn es jede Woche ein fettes Taschengeld gegeben hätte? Wahrscheinlich nicht.

Es ist egal, wo du herkommst!

Vor einer kriminellen Karriere gerettet hat mich vermutlich auch, dass mein Vater den Arbeitsplatz wechselte, als ich 15 war. Wir zogen nach Ahlen/Westfalen, ich wechselte die Schule und verlor auf einen Schlag alle meine Freunde. Plötzlich fand ich mich in einem gutbürgerlichen Milieu wieder. Ich war immer gut in Sport und wurde an der Ahlener Realschule bald gefragt, ob ich nicht im Fußballverein mitspielen wolle. Bald darauf war ich auch im Tischtennisverein. Sport liegt bei uns ebenfalls in der Familie. Mein Vater war sogar mal polnischer Vizemeister im Boxen bei den Junioren. Meine gerade Nase habe ich allein der Tatsache zu verdanken, dass er mir das Boxen als Jugendlicher einfach verbot. Dabei wäre das in Plettenberg ziemlich nützlich gewesen. Jedenfalls war ich in Ahlen auf einmal zu Freunden eingeladen, bei denen zu Hause zwei Autos in der Garage standen, manchmal sogar drei – für Vater, Mutter und die ältere Schwester. Statt in einer Etagenwohnung lebten diese Freunde

Zu Besuch bei den Großeltern in Polen

in Häusern mit Garten. Mindestens einmal im Jahr reisten die Familien in den Urlaub. Meist flog man dafür in irgendwelche Länder, in denen die Sonne offenbar immer schien. Mir war schnell klar: So will ich auch leben! Mein Ehrgeiz war geweckt, auch das ein wichtiger Mindset-Faktor. Ohne das Kontrastprogramm in Plettenberg hätte ich es sicher langsamer angehen lassen. Und auch, wenn ich es mit 15 Jahren noch nicht so klar ausdrücken konnte wie heute, habe ich die Schlussfolgerung intuitiv damals schon gezogen: ***Wie ich lebe, hängt davon ab, was für Ziele ich mir setze.*** Und um diese Ziele zu erreichen, muss ich was dafür tun. Die anderen Jungen im Fußball- oder Tischtennisverein oder später im WingTsun-Verein (Selbstverteidigung), sind nicht besser und nicht schlauer als ich. Warum sollte ich nicht erreichen, was sie erreichen?

Was dich in diesem Buch erwartet

In den folgenden Kapiteln erfährst du noch ein bisschen mehr über meine abenteuerliche Kindheit, meine Lehren daraus und darüber, was ich über erfolgreiches Business gelernt habe. Doch eines kann ich dir jetzt schon sagen: ***Entscheidend im Leben ist nicht, wo du herkommst. Entscheidend ist, wo du hinwillst.*** Meine Story ist der beste Beweis dafür. Dass ich heute Millionen verdiene und sorgenfrei leben kann, wurde mir nicht in die Wiege gelegt. Meine Grundschullehrerin wäre wahrscheinlich schon zufrieden gewesen, wenn ich irgendeine Lehre nicht nur angefangen, sondern auch abgeschlossen hätte und danach in einem passenden Job gelandet wäre – anders als meine Kumpel, die ihre Vorstellung, ohne viel Anstrengung ganz viel Kohle zu machen, ins Gefängnis führte. Der Traum meiner Eltern hingegen war, dass ich das Abi schaffe, studieren gehe und mir einen »sicheren Arbeitsplatz« in einer »guten Firma« suche. In ihrer Vorstellung war das ein Job, bei dem ich mir nicht mehr die Hände schmutzig machen müsste wie mein Vater und mein

Unsere Wohnung in Polen

Großvater. Beides wären respektable Lebensläufe gewesen. Die Frage ist nur: Ist das wirklich alles, was möglich ist?

Ich bin überzeugt, es ist mehr drin, für jeden von uns. Auch für dich. Mich machte ein erfolgreiches Online-Business zum Millionär. Um mein Unternehmen groß zu machen, habe ich jahrelang extrem viel gearbeitet. Meine Begeisterung für das Internet und die enormen Möglichkeiten, die es gerade im Marketing bietet, ließ mich auch in harten Zeiten durchhalten. Worauf es meiner Erfahrung nach ankommt, wenn du dir mehr vom Leben versprichst, als deine Eltern dir raten, und was ich in den letzten 20 Jahren über Erfolg gelernt habe, verrate ich dir in diesem Buch. Dass ich mir mit 30 einen Porsche Carrera 4S Cabrio leisten konnte, ist dabei nur eine Randnotiz. Ich habe den Wagen längst verkauft, weil er ohnehin die meiste Zeit in der Garage stand. Zeitweise besitze ich gar kein Auto, sondern leihe mir einfach eins, wenn ich es brauche. Viel wichtiger ist mir meine finanzielle Freiheit, und das heißt: leben zu können, wo und wie ich will. Und wenn für dich ein Porsche zu diesem Lebensmodell gehört oder ein eigenes Boot oder auch der Luxusurlaub auf den Malediven, dann ist das völlig in Ordnung. Doch die Hauptsache ist, dass du jeden Tag das Leben führst, das du dir erträumst.

WIE ALLES ANFING

DIE VORTEILE EINER GETTO-JUGEND

»Im Leben kommt es nicht darauf an, ein gutes Blatt in der Hand zu haben, sondern mit schlechten Karten gut zu spielen.«

Robert Louis Stevenson

Multikulti-Schule
Wenn deine Freunde fünf verschiedene Sprachen sprechen

An meinen ersten Schultag erinnere ich mich noch wie heute. Wir – meine Mutter, mein zwei Jahre älterer Bruder und ich – lebten erst seit einigen Monaten bei meinem Vater in Deutschland. Ich dachte, redete und träumte natürlich polnisch. Das war meine Muttersprache, auch wenn meine Oma väterlicherseits aus Ostpreußen stammte und somit Deutsch konnte. Zu Hause in Polen hatte sie mir ein paar aus ihrer Sicht nützliche Vokabeln beigebracht: »Bleistift«, »Lineal« und so weiter. Und so fand ich mich eines Tages auf dem Schulhof der Grundschule Oestertal in Plettenberg wieder, umgeben von lauter lärmenden Kindern, denen ich bestenfalls den Inhalt meines Schulranzens hätte erklären können. Ansonsten verstand ich – Bahnhof. Dass sich hier keiner für ein Gespräch über Bleistifte und Lineale interessierte, war mir sonnenklar. Ich brach in Tränen aus.

Nichts ist so schlimm, wie es aussieht

Doch der Reihe nach. Eines grauen Montagmorgens lieferten meine Eltern mich in der Schule ab. Das erste Schuljahr hatte bereits seit einigen Wochen begonnen, es war also höchste Zeit. Weshalb ich durch das Netz der regulären Einschulungstermine rutschte, weiß heute niemand mehr. Meine Eltern hatten vermutlich Dringenderes zu tun gehabt, als sich nach den Anmeldefristen der Schulbehörde zu erkundigen. Auf dem Weg zu seiner Arbeit im Stanzwerk einer Stahlfirma stoppte mein

Unsere Wohnung in Plettenberg

Vater das Auto vor dem Schultor. Er und meine Mutter nahmen mich an die Hand und machten sich auf die Suche nach meiner Klassenlehrerin. Als diese gefunden war, wurde ich ihr ohne viel Aufhebens übergeben, und ehe ich bis drei zählen konnte, waren meine Eltern verschwunden. Nach Hause käme ich später mit dem Bus, hatten sie mir versichert, denn mit dem Auto musste mein Vater zur Arbeit am anderen Stadtende von Plettenberg.

Die Lehrerin, nennen wir sie Frau Müller, war eine resolute Frau. Sie nickte mir zu, lächelte kurz und sagte etwas wie: »Dann zeige ich dir mal deine Mitschülerinnen und Mitschüler.« Vermute ich jedenfalls, denn sie nahm mich bei der Hand, führte mich auf den Schulhof und ließ mich dort stehen. Da stand ich nun und dachte mit wachsender Verzweiflung: ***»Was mache ich hier bloß?« Schließlich kamen mir die Tränen.*** Doch Rettung nahte. Zuerst kam ein Mädchen auf mich zu und begrüßte mich mit »Witaj!« – Polnisch für »Hallo, herzlich willkommen«. Ich starrte sie an wie eine Außerirdische und fragte: »Du sprichst polnisch?« Es stellte sich heraus, dass Lena mit drei Jahren aus Polen nach Deutschland gekommen war und inzwischen fließend Deutsch sprach. Und bevor ich mich von meinem freudigen Schrecken erholt hatte, stieß Murat zu uns, ein türkischer Junge, der der beste Freund meiner Grundschulzeit werden sollte. Irgendwie gab er mir zu verstehen, dass wir uns doch kennen würden, weil wir im selben Stadtteil wohnten. Dieses »Du wohnst doch bei uns« reichte offenbar, um mich unter seine Fittiche zu nehmen. Dann ertönte die Schulklingel und ich trottete hinter Lena und Murat her ins Klassenzimmer. Der Rest des Vormittags ist aus meinem Gedächtnis verschwunden – vermutlich, weil ich ohnehin nichts verstand. Irgendwann durften wir etwas malen, und das konnte ich. Ein winziger Funke Hoffnung glühte auf, dass ich das hier vielleicht doch schaffen würde.

Ich weiß nicht, wie ich ohne Murat zur Bushaltestelle und damit wieder nach Hause gefunden hätte. Meine Eltern vertrauten offenbar darauf, dass ich das irgendwie hinbekommen würde. Schon in Polen war ich schließlich zusammen mit meinem Bruder viel allein gewesen. Meine Mutter arbeitete als Buchhalterin und kam unter der Woche gegen 17 Uhr nach Hause. Mein Vater war zu der Zeit bereits in Deutschland und meine Mutter musste für unseren Lebensunterhalt sorgen. Den Weg vom Kindergarten zu unserer Wohnung fand ich allein, ich hatte einen Schlüssel und ließ mich selbst herein. Stundenlang beschäftigte ich mich damit zu malen – etwas, das ich mir von meinem Vater abgeguckt hatte. Und dann gab es ja noch meinen zwei Jahre älteren »großen« Bruder, mit dem ich ab und zu spielen konnte, wenn er Lust hatte, sich mit mir »Baby« abzugeben.

Vergleiche ich meine Einschulung mit der meiner Kinder oder der von Kindern, die ähnlich behütet aufwachsen, könnte der Unterschied kaum größer sein. Es gibt heute nicht nur Schultüten und festliche Begrüßungsfeiern in der Schul-Turnhalle, sondern Glückwunschanzeigen stolzer Großeltern im Lokalteil der Zeitung, ein gemeinsames Essen im Lieblingsrestaurant mit Patentante oder -onkel, Oma und Opa und wer sonst noch Platz findet. Es gibt schicke neue Klamotten und jede Menge Gratulationen zum großen Tag. Es wird viel Aufhebens um kleine Prinzen und Prinzessinnen gemacht, und ich gönne es ihnen von Herzen. Manchmal beschleicht mich allerdings der Gedanke, ob das alles nicht ein bisschen viel ist. Und so krass mein erster Schultag im Vergleich dazu wirkt: So schlimm war es dann doch nicht. Vielleicht verkläre ich es im Nachhinein, aber nach dem ersten Schock ging es in der Schule ziemlich schnell bergauf für mich. Ich hatte schon am ersten Tag einen besten Kumpel gefunden, der mich auch außerhalb der Schule mit in seine Clique nahm. Deutsch lernte ich rasch, denn das war die einzige Sprache, in der wir Kinder auf der Straße vor unserer Wohnung uns alle verständigen konnten. Und sowohl unsere Schulklasse als auch unsere Straßengang waren so bunt gemischt, dass sich keine ethnischen Untergruppen bildeten. Im Grunde hatte mein erster Tag meine Zuversicht geweckt, dass es irgendwie immer weiter geht, auch wenn es mal düster aussieht.

Hinzu kommt: Meine Eltern waren weder gleichgültig noch gar herzlos, auch wenn ihr Verhalten so wirken mag in einer Zeit, in der viele Kinder jeden Morgen bis vor das Schultor kutschiert, dort pünktlich wieder mit dem Auto abgeholt und überhaupt so weit wie möglich von negativen Erfahrungen abgeschirmt werden. ***Dass Kinder allein zurechtkommen müssen, war in unserem Milieu gang und gäbe.*** Und selbst Freunde, die ihre eigenen Kinder heute sehr behüten, erzählen gern, dass sie selbst als Kinder nach dem Mittagessen oder nach den Hausaufgaben mit den Worten »Geh raus, spielen. Und um sechs bist du wieder zu Hause« in die unbeaufsichtigte Freiheit entlassen wurden. Dabei bekommen sie oft glänzende Augen, um dann von ihren Abenteuern mit anderen Kindern zu berichten. Die waren nicht immer ungefährlich, doch die Eltern bekamen Gott sei Dank nichts davon mit.

Alltag in der »Brennpunktschule«

In meiner Klasse versammelten sich Kinder aus vieler Herren Länder. Ihre Eltern waren Kurden, Türken, Serben, Bosnier, Iraker. Deutsche Kinder waren in der Minderheit, aber ***es war noch nicht die Zeit, in der besorgte Eltern in ein anderes Stadtviertel zogen oder eine Privatschule bezahlten,*** damit ihre Kinder nicht auf eine so genannte Brennpunktschule gehen müssen – mit der Folge, dass praktisch kein Kind in der Klasse Deutsch spricht. In unserer Klasse mischten sich auch soziale Klassen. So lernte ich schnell, dass andere Menschen nicht nur anders aussehen, schwarzhaarig statt blond sind und nicht so winterbleich wie der typische Westfale, sondern dass sie in manchen Dingen auch anders ticken. Meine türkischen Freunde beispielsweise bekamen sehr oft Ärger, weil sie nie zuhörten und Unsinn machten. Das endete immer mit Geschrei, weil sie einfach keinen Respekt vor der Lehrerin hatten. Auf der anderen Seite ist mir unvergesslich, wie oft ich bei vielen südländischen Freunden mit den Eltern im Wohnzimmer saß, mitessen durfte und hier alle dem Vater und der Mutter zuhörten, wogegen in nordeuropäischen Familien die Kinder häufig ins Kinderzimmer abschoben wurden. Auf dem Schulhof teilten eher die ärmeren ausländischen Kinder etwas mit mir, während die reicheren dich kaum beachteten und fast immer geizig waren. Damals warst du mit einer Capri-Sonne der König der Pause, und auf dem Schulhof ging es ruppig zu.

Frau Müller wusste mit all dem umzugehen. Sie konnte einschätzen, wer klare Ansagen brauchte, weil er diesen Ton von zu Hause gewohnt war, und wer schon auf einen strengen Blick reagierte. Ohne ihre laute Stimme, ihre unerschütterliche Ruhe und ihr resolutes Auftreten wäre sie verloren gewesen bei einer Klasse von etwa 25 Schülern und Schülerinnen aus aller Herren Länder. Im schlimmsten Fall parkte sie Störenfriede für den Rest der Stunde vor der Klassentür. Auch die Ankündigung, beim nächsten Vorfall den Vater einzubestellen, wirkte besonders bei türkischstämmigen Jungen Wunder. Frau Müllers Motto war ***»Hart, aber herzlich«,*** sie ließ uns nichts durchgehen, aber sie kümmerte sich auch. Als ich mich anfangs noch mit dem Deutschen abmühte, nahm sie mich beiseite: »Dawid, du musst lesen, lesen, lesen!« Gleichzeitig gab sie mir zu verstehen, dass sie keinen Zweifel hatte, dass ich das alles packen würde. Am Ende lernte ich mehr von meinen Kumpeln auf der Straße als aus Büchern, aber ***ihr Interesse tat mir gut.***

Der Ehrgeiz meiner Eltern

Meine Eltern sprachen zu Hause Polnisch miteinander und taten sich schwer, mir bei den Hausaufgaben zu helfen. Während mein Vater im Stahlwerk als Arbeiter schuftete, stand meine Mutter jetzt in Deutschland am Fließband in einer Fabrik, die Tankpistolen und Zubehör für Tanksäulen herstellte. Nach acht Stunden gleichförmiger Qualitätskontrolle am Band (sie prüfte, ob die fertigen Pistolen fehlerfrei waren) wartete der Haushalt auf sie. Beide waren abends kaputt von ihrem harten Tag. Beide hatten deutlich besser qualifizierte Berufe in Polen aufgegeben, um das Land zu verlassen. Mein Vater hatte dort bei der Musterungsbehörde der polnischen Armee gearbeitet, meine Mutter in der Buchhaltung einer Baustoff-Firma. In Deutschland fingen sie ganz unten an, in schlecht bezahlten Jobs für »Ungelernte«. Beide ließen keinen Zweifel daran, wie wichtig Bildung ist. ***Du musst lernen!*** Nur mit einer guten Ausbildung bekommst du später einen guten Job und hast ein gutes Leben! Weil mir das Lernen leichtfiel, insbesondere in Rechnen und Sachkunde, schickten sie mich nach der vierten Klasse gegen meinen Willen aufs Gymnasium – auch gegen die Empfehlung der Grundschule, die mich auf der Realschule besser aufgehoben sah. Viel lieber wäre ich meinen Kumpels auf die Hauptschule gefolgt.

Am Sankt-Ursula-Gymnasium in Attendorn machte ich zum ersten Mal die Erfahrung, dass ich mich wirklich dauerhaft anstrengen musste, um mitzukommen. Meine Mitschüler schafften scheinbar mühelos, wofür ich permanent üben und ackern musste. Darauf hatte ich keine Lust. Meine Noten wurden immer schlechter, auch wenn ich die Versetzung in die sechste Klasse gerade so geschafft hätte, nicht zuletzt dank der geduldigen Nachhilfe von Schwester Angela, einer waschechten Nonne im Nachhilfeinstitut »Silentium«. Meine Eltern lenkten schließlich ein und ließen mich in den Realschulzweig von Sankt Ursula wechseln. Dort gehörte ich zu den guten Schülern der Klasse, ohne viel dafür tun zu müssen. Vor allem Fächer wie Mathe,

Physik, Kunst und Sport fielen mir leicht. Meist gelang es mir, mit einer Eins abzuschneiden, und das ohne jegliche Anstrengung. Nach der Realschule trat ich in die Fußstapfen meines Bruders und machte ein Fachabitur als Elektrotechnischer Assistent an der Eduard-Spranger-Schule in Hamm. Richtig anstrengen musste ich mich erst wieder zu Beginn meines Studiums, als ich mich in der ersten Mathematik-Vorlesung hilflos fragte, auf welchem Planeten ich mich die letzten zehn Jahre herumgetrieben hatte. Doch dazu später.

Milieufragen

Die Stadt meiner Kindheit damals und heute

Aus heutiger Sicht hatte ich es in meiner Schulzeit schwer und leicht zugleich. Schwer, weil ich mit einer Sprachbarriere startete und weil ich eben nicht aus einem Elternhaus kam, in dem mittags die Mutter mit dem Essen wartet, fragt: »Wie war es in der Schule?«, um nachmittags mit dem Kind Diktate zu üben und die Hausaufgaben zu kontrollieren. Leicht, weil der liebe Gott mich beim Verteilen der Intelligenz nicht vergessen hat und weil meine Mutter jederzeit für uns Kinder da war, wenn wir sie wirklich brauchten. Sie konnte nicht immer anwesend sein, aber sie ließ keinen Zweifel daran, dass sie uns liebte und unterstützte. Das gilt auch für meinen Vater, der allerdings mit seinem harten Arbeitsalltag in der Stahlfabrik und mit seiner Vergangenheit haderte. Die Ausreise aus dem kommunistischen Polen war ihm nur gewährt worden, weil er sich im Gegenzug verpflichtete, Berichte über den Alltag in Deutschland und potenziell militärisch relevante Fakten zu liefern, was immer das bei einem einfachen Arbeiter sein sollte. Mein Vater entzog sich dieser Pflicht, was zur Folge hatte, dass irgendwann offiziell aussehende Männer vor unserer Wohnungstür standen und im Auftrag des polnischen Staates nach seinem Aufenthaltsort fahndeten. Mein Vater tauchte bei Bekannten unter; wir behaupteten nicht zu wissen, wo er ist. Bis heute wird in unserer Familie über diese Lebensphase nicht gesprochen. Diese Umstände waren vielleicht mit schuld daran, dass mein Vater oft niedergeschlagen und unbeherrscht war und gelegentlich mehr trank, als ihm guttat. Das ohnehin knappe Geld wurde dadurch noch knapper. Schon als Kind lernte ich, wie es sich anfühlt, wenn am Ende des Geldes noch ziemlich viel Monat übrig ist. Gleichzeitig hat mich mein Vater vieles gelehrt, etwa malen und zeichnen, und war mit seinen vielseitigen Interessen ebenfalls ein Vorbild für mich. Er spielt zum Beispiel mehrere Instrumente, darunter Akkordeon und Keyboard und schreibt in seiner Freizeit Gedichte, die auf verschiedenen Webseiten publiziert werden.

Deine Herkunft ist nicht dein Schicksal

Ich bin zwiespältig, wenn ich heute lese, Kinder aus bestimmten Milieus hätten keine Chance und Armut würde vererbt – schließlich bin ich selbst ein Gegenbeispiel. Was mir allerdings geholfen hat, ist, dass in unserer Familie traditionelle Werte wie Fleiß, Disziplin, Zielstrebigkeit, Ehrlichkeit vorgelebt wurden. Ich hatte keine Eltern, die morgens nicht aus dem Bett kommen, sich nach Jahren der Arbeitslosigkeit aufgegeben haben und ihren Kindern vermitteln, es habe sowieso keinen Sinn, sich anzustrengen. ***Ich bin vielmehr im Glauben erzogen worden, dass Leistung sich lohnt, und ich glaube bis heute daran.*** Daran musste ich denken, als ich in der Vorbereitung für dieses Buch meinen alten Heimatort, das Viertel in Plettenberg, in dem ich aufwuchs, nach fast 30 Jahren wieder besuchte. In meinem Business braucht man ein Image-Video, und irgendwer kam auf die Idee, dafür auch meine Wurzeln im Bild einzufangen. Also machten die Filmcrew und ich uns auf den Weg. Ohne groß nachzudenken, hatte ich dafür einen Porsche Cayenne gemietet, weil das Equipment und vier Leute darin bequem Platz fanden. In Plettenberg Oesterau sorgte dieses Gefährt gelinde gesagt für Aufsehen. Das Viertel war früher schon nicht wohlhabend, heute ist es eine Katastrophe: Heruntergekommene Häuser, kaputte Elektrogeräte und alte Matratzen am Straßenrand, Müll überall. In einem Wohnblock zapften erkennbar Dutzende Bewohner über illegal gespannte Leitungen Strom aus einer Wohnung ab – ein Anblick, den ich bisher nur aus Reportagen über Entwicklungsländer kannte. Als wir mit unserem schwarzen Luxuswagen dort aufkreuzten, war die Atmosphäre feindselig. Wir wurden misstrauisch beäugt, und ich war insgeheim froh, mich mit Kampfsport auszukennen. Eine Frau sprach uns an: Ob wir nichts Besseres zu tun hätten, als wieder mal das Elend zu filmen? Ob wir denn nicht mal was Positives berichten könnten? Als ich antwortete: »Tun wir doch. Ich bin in dieser Straße aufgewachsen«, wollte sie mir nicht glauben und ging kopfschüttelnd davon.

Glaube nicht alles, was du denkst

No-go-Areas gibt es nicht nur in Großstädten wie Berlin oder Dortmund. Ein Passant, mit dem ich ins Gespräch kam, deutete auf ein Haus in Sichtweite. Das werde das »Haus der fliegenden Messer« genannt. Selbst die Polizei traue sich da nachts nicht hin. »Normale« Familien seien in den letzten Jahren überwiegend weggezogen, das Viertel werde dominiert von Armut und Kriminalität. Ich überlasse es deiner Fantasie, dir auszumalen, wie eine Kindheit unter solchen Bedingungen aussieht. Ich gehe davon aus, dass viele Kinder hier nicht dümmer sind, als ich es war. Nur erzählt ihnen vermutlich keiner, dass sie es schaffen können, sich ein besseres Leben aufzubauen. Wenn ihre Eltern mit sich selbst beschäftigt sind, das eigene Leben kaum auf die Reihe bekommen und es an Zuwendung fehlt, wenn womöglich Suff und Gewalt den Alltag bestimmen, ist die Gefahr des persönlichen Scheiterns vermutlich groß. Es fehlt an positiven Vorbildern, wie ich sie hatte – meine Eltern, mein großer Bruder, mein Großvater und auch die wohlhabenderen Familien meiner Freunde nach dem Umzug nach Ahlen im Alter von 15 Jahren. Wer nicht lernt, sich anzustrengen, weil sich das angeblich nicht lohnt, strengt sich in vielen Fällen auch nicht an und wird prompt in seiner pessimistischen Haltung bestätigt. Doch entscheidend ist nicht, wo du herkommst. ***Entscheidend ist dein Denken, neudeutsch: dein Mindset.*** Wenn ich mit Menschen ins Gespräch über beruflichen Erfolg und finanzielle Unabhängigkeit komme, höre ich manchmal Sätze wie »Mit ehrlicher Arbeit wird man sowieso nicht reich« oder »Bei meinem Elternhaus komme ich im Leben auf keinen grünen Zweig«. Das sind mentale Erfolgsbremsen. ***Glaube nicht alles, was du denkst, weil dein Umfeld dir das vielleicht schon vor Jahren eingepflanzt hat.*** Such dir lieber positive Vorbilder, deren Erfolg solche hemmenden Glaubenssätze widerlegen. Und schau dir an, wie sie es geschafft haben.

Sport als Lebensschule

Der Erfolg wächst mit dem Erfolg

Mein kleiner Sohn ist mit seinen neun Jahren genauso hibbelig, wie ich es als Kind war. Sein Bewegungsdrang ist nahezu unstillbar. Also habe ich ihn im lokalen Fußballverein angemeldet, wo er seitdem mit anderen Kindern begeistert trainiert. Wenn ich Zeit habe, beim Training oder bei einem Spiel zuzuschauen, beobachte ich häufig einen Effekt, den andere Eltern vermutlich auch kennen. Wird mein Sohn vom Trainer gelobt – »Bravo!«, »Guter Schuss!« – wächst er förmlich um einige Zentimeter. Man kann zusehen, wie er den Rücken gerade macht, strahlt und sich mit neuem Eifer ins Gefecht stürzt. Ich bin überzeugt, wir sind liebevolle Eltern, die nicht mit Lob geizen, aber kein Lob von uns kommt auch nur annäherungsweise an diese Trainer-Wirkung heran. Möglicherweise denkt mein Sohn, Eltern loben halt, weil sie die Eltern sind und ihre Kinder sowieso toll finden. Aber das Lob vom Trainer muss man sich erst ehrlich verdienen!

Sport ist eine Sprache, die jeder versteht

Ein Leben ohne Sport ist für mich nicht vorstellbar, und im Rückblick war es auch der Sport, der meine Kindheit und Jugend zu einer überwiegend glücklichen Zeit gemacht und meinen Ehrgeiz bestärkt hat. Sport ist eine Sprache, die jeder versteht. Und wenn du beim Fußball ein Tor schießt, ist es völlig egal, ob du das gerade angesagte Trikot trägst oder ein ausgeleiertes altes T-Shirt, ob du dich mit der deutschen Sprache schwertust oder sie fließend beherrscht. Viele Nachmittage kickten wir nach der Grundschule auf einem nahen Bolzplatz. So kamen wir weniger auf andere dumme Gedanken. Habe ich schon erzählt, dass mein bester Kumpel Murat einmal mit einer echten (!) Pistole zu einer Verabredung erschien? Die Waffe war so präpariert, dass man damit auch Gaspatronen verschießen konnte, und die hatte Murat auch gleich mitgebracht. »Komm mit, wir schießen auf Kühe!«, lautete sein Vorschlag. Ich hielt das zunächst für einen schlechten Scherz, bis wir wirklich am Zaun einer Kuhweide standen und Murat zur Pistole griff. »Bist du bescheuert? Wenn eine Kuh durchdreht, trampelt die uns platt!« Intuitiv wusste ich schon in der dritten Klasse, dass ihn dieses Argument eher überzeugen würde als noble Tierschutzerwägungen. In Murats Familie ging es deutlich rauer zu als bei uns. Ich sehe ihn noch heute im Winter bei Schnee und Eis mit löcherigen Turnschuhen zur Schule kommen. Seine Eltern interessierte das wenig. Ich glaube kaum, dass er zu Hause ein Frühstück bekam, geschweige denn sonst eine Form von Unterstützung. Als Kind war mir das nicht so bewusst wie heute, aber mit seinen Eltern hatte er großes Pech gehabt.

Zurück zum Sport: Beim Fußballspielen vergaßen wir die Zeit und schlossen Bündnisse. Wir lernten, uns anzustrengen und halbwegs fair miteinander umzugehen. Wer unsportlich war und sich ungern bewegte, hatte es dagegen schwer in unserer Straße. Spontan fällt mir Torsten ein, ein deutscher Junge, der immer am Rand stand und froh sein konnte, wenn er nicht gepiesackt wurde. Vielleicht erinnerst du dich an deine Schulzeit und an diejenigen, die beim Schulsport immer als Letzte in die Mannschaft gewählt wurden, weil sie im Spiel hauptsächlich im Weg stehen. So einer war Torsten. »Torsten kann nix«, lautete unser harsches Urteil, wobei gute Noten in anderen Schulfächern natürlich nicht zählten.

Auch als wir nach der achten Klasse nach Ahlen in Westfalen zogen und ich auf einen Schlag alle Freunde verlor, rettete mich der Sport. Mein Vater trat eine neue Stelle an, deswegen zogen wir um. Ich war alles andere als begeistert. Wie vermutlich für die meisten Kinder oder Jugendlichen war der Schulwechsel ein Albtraum für mich. Ich sah mich schon wieder isoliert auf dem Schulhof stehen. Doch ich fiel im Sport sofort positiv auf. »Willst du nicht bei uns im Fußballverein mitspielen?« Natürlich wollte ich! Auf diese Weise lernte ich systematisches Training kennen und stürzte mich verbissen hinein. Über den Sport fand ich schnell neue Freunde, auch solche, die aus wohlhabenden Elternhäusern kamen, wortwörtlich. Sie wohnten nicht in engen Etagenwohnungen, wo man sich – wie mein Bruder und ich – ein Zimmer teilte, sondern in schmucken Einfamilienhäusern mit Garten, Terrasse, einem Zimmer für jedes Kind und mindestens einem schicken Auto vor der Tür. Mir war ziemlich schnell klar: »So will ich später auch einmal leben!«

Man sieht nur, was man kennt

Damals bemerkte ich zum ersten Mal, wie sehr das eigene Umfeld unseren Blick auf die Welt prägt. Bewusst wird einem das naturgemäß am ehesten bei einem Wechsel der Umgebung: Andere Menschen bedeuten andere Sichtweisen und andere Erfahrungen. ***Solange man immer im selben Saft schmort, sieht man gar nicht, dass das Leben auch anders aussehen könnte.*** Bis heute suche ich deshalb immer wieder die Gesellschaft von Menschen, die ich interessant finde, die andere Erfahrungshorizonte mitbringen. Besonders interessieren mich in dieser Phase meines Lebens erfolgreiche Unternehmer oder Unternehmerinnen und ihre Strategien. Wie ich sie kennenlerne? Ganz einfach: Ich sage ihnen, dass ich ihr Geschäftsmodell spannend finde und ich frage sie, ob ich sie zum Essen einladen darf. Manche dieser Begegnungen verlaufen nach einem Treffen im Sand. Aus anderen sind geschäftliche Partnerschaften oder sogar Freundschaften entstanden. Sich mit den richtigen Menschen zu umgeben, wenn man bestimmte Ziele erreichen oder auch nur dazulernen will – diese Strategie ist so simpel wie wirksam, und sie gilt in jeder Lebensphase, egal ob du Azubi, Student, Gründerin, Angestellte oder Unternehmer bist. Ich bin ein großer Freund des Netzwerkens und werde dir später in diesem Buch dazu noch konkrete Tipps geben.

Der Erfolg wächst mit dem Erfolg

Wenn ich es in einem Satz zusammenfassen sollte: Durch den Sport habe ich gelernt, was ich alles erreichen kann, wenn ich ein Ziel habe und mich dafür anstrenge. Als Kind und als Teenager habe ich mich in vielen Sportarten versucht, und so verbissen, wie ich trainierte, gehörte ich immer schnell zu den Besten im Verein. Es fing an mit dem Fußballverein in Plettenberg, mit dem wir Stadtmeister in unserer Altersklasse wurden. Ich hatte mir in den Kopf gesetzt, der beste Fußballer von allen zu werden und stieg auf in die Kreisauswahl. Im Jugendtraining spielten gelegentlich auch Väter mit, die aus unserer Sicht ganz schön alt waren (also nicht viel älter als ich heute). Besonders beeindruckte mich Martin, der auf die Fünfzig zuging und ein gefürchteter Gegner war, eine echte »Maschine«.

Parallel begann ich Tischtennis zu spielen. Das erwies sich als Glücksfall, weil ein Verkehrsunfall kurze Zeit mein Knie ruinierte. Auf dem Weg zur Schule in Attendorn kollidierte unser Auto im Winter auf glatter Fahrbahn mit einem Lastwagen; alle mitfahrenden Kinder wurden schwer verletzt. Ich lag wochenlang im Krankenhaus, bis mein gequetschtes Knie wieder halbwegs funktionierte. Noch heute leide ich deswegen manchmal unter Knieschmerzen. Das war es dann mit dem Fußball – also stürzte ich mich auf Tischtennis. Es nützte nichts, zu jammern und zu klagen und einer verpassten Fußballerkarriere nachzuweinen, das war mir schnell klar. »Nach vorne schauen« klingt inzwischen zwar wie eine Phrase, weil alle Sportler nach einem verpatzten Match genau das sagen, wenn ihnen jemand das

Mikro unter die Nase hält. Trotzdem bleibt es wahr, jedenfalls, solange es keine Zeitmaschine gibt, mit deren Hilfe man die Vergangenheit korrigieren könnte. Und das gilt überall, im Sport, im Business, im Privatleben.

Dank eines tollen Teams tröstete mich Tischtennis bald über den Abschied vom Fußball hinweg. Unser Verein wurde zweimal hintereinander Stadtmeister, wir stiegen auf in die Kreisliga, Bezirksliga und schließlich in die Verbandsliga. Mit 16 Jahren spielte ich in Hamm in der Herren-Bezirksklasse und stieg in weitere Ligen auf, bis ich schließlich als Ersatzspieler in der 2. Bundesliga meine Tischtennislaufbahn beendete. Die Wände meines Kinderzimmers waren inzwischen mit Urkunden gepflastert, in meinem Regal standen mehr Pokale als Bücher. In dieser Zeit entstand meine Maxime ***»Der Erfolg wächst mit dem Erfolg«.*** Jeder Erfolg beflügelt, stärkt das Selbstbewusstsein, motiviert zum Durchhalten und Weitermachen und programmiert so den nächsten Erfolg. Und auch, wenn ein Neuanfang manchmal holprig sein mag: Wenn man dranbleibt und konsequent weitermacht, wird man unweigerlich besser, wie mein nächstes Beispiel zeigt.

In sich selbst zu investieren, bringt die besten Zinsen

Während meines Fachabiturs entdeckte ich WingTsun, eine chinesische Kampfkunstart. Nachdem ich im lokalen Verein alles gelernt hatte, was es dort zu lernen gab, wechselte ich in eine Kampfschule, in der weit ambitionierter trainiert wurde. Plötzlich war ich umgeben von »Maschinen« wie Martin früher beim Fußball. Beim ersten Training brauchte ich nach 15 Minuten eine Pause, am Ende musste ich mich übergeben. Doch ich wollte das Niveau dieser Schule erreichen und machte weiter. Nach einiger Zeit buchte ich Privatstunden bei einem Trainer, um schneller vorwärtszukommen. Zwei Jahre später war ich selbst zum Trainer aufgestiegen. Das war das erste Mal, dass ich mit Nebenjobs verdientes Geld nicht für Klamotten, Sneaker oder Partys ausgab, sondern für meine Ausbildung. Ein echtes Aha-Erlebnis: ***Dieses Geld war nicht einfach ausgegeben, sondern es zahlte sich jahrelang für mich aus.*** Deswegen bin ich bis heute ein großer Fan davon, immer wieder etwas Neues zu lernen, und zwar möglichst bei den Besten eines Faches.

Gerade beim Sport lernt man aus meiner Sicht als Kind und Jugendlicher unglaublich viel: Zuhören, wenn der Trainer etwas erklärt, Fairness, Durchhaltevermögen, sich an Regeln halten, weil sonst der Schiedsrichter eingreift, Vertrauen in die eigenen Fähigkeiten, weil man unweigerlich besser wird, wenn man am Ball bleibt. Kampfsport, bei dem brenzlige Situationen (»Szenarien«) gezielt trainiert werden, hat mir neben Kraft auch mehr Ausgeglichenheit und Konzentrationsfähigkeit verschafft. Und auch eine andere grundlegende Sportroutine ist mir derart in Fleisch und Blut übergegangen, dass ich auch in anderen Bereichen ganz selbstverständlich danach lebe: Überlege dir, was du erreichen willst. Setz dir dazu ein konkretes Ziel. Mach einen Plan, wie du schrittweise dahin kommst. Und dann handle!

Sport macht schlau!

Wenn es nach mir ginge, müsste jede Schule im sozialen Brennpunkt – und nicht nur dort – mehr Sport anbieten und den Kindern zahlreiche Sportarten nahebringen. So könnte jedes Mädchen und jeder Junge für sich das Passende finden, von Ballett bis Basketball und von Turnen bis Taekwondo. Das wäre vermutlich das beste Training für soziale Kompetenzen und mehr Miteinander. Und nicht nur das! Regelmäßiger Sport verbessert auch die übrigen schulischen Leistungen, las ich kürzlich im Zusammenhang mit einer Studie des Instituts der deutschen Wirtschaft (IW). Die Forscher und Forscherinnen werteten die Daten von 4 000 Viertklässlern aus und fahndeten nach Zusammenhängen zwischen Lebensumständen und Schulerfolg.[2] Wer

Der Sportplatz hinter unserer Plettenberger Wohnung

sich bewegte, war auch besser im Lesen, Schreiben und Rechnen, so das Ergebnis. Mich hat das nicht überrascht. Und falls du dich gerade fragst, wo dabei die Henne ist und wo das Ei (Machen disziplinierte Kinder mehr Sport oder führt Sport zu mehr Lerndisziplin?): Wissenschaftler und Wissenschaftlerinnen sind überzeugt, dass die Wirkung in beiden Richtungen funktioniert. Die Persönlichkeit beeinflusst, wie sehr wir uns für Sport interessieren, umgekehrt formt aber auch der Sport die Persönlichkeit. Das deckt sich mit Erfahrungen von Praktikern. ***»Wenn Kinder sich bewegen, lernen sie besser«,*** sagt beispielsweise der Rektor einer Hamburger Grundschule, die den »Deutschen Sportschulpreis« erhalten hat.[3] Im Grunde ist das keine nobelpreisverdächtige Erkenntnis. Schließlich wissen die meisten, dass Sport den Kopf frei macht – wobei manchmal schon ein flotter Spaziergang hilft. Kleiner Tipp: Diese Wirkung endet nicht mit der Schulzeit.

Interessanterweise findet man zum Stichwort »Sport als Lebensschule« viele Artikel und Berichte aus anderen Ländern, während diese These in Deutschland nicht so populär zu sein scheint. Als ich mich einmal laut darüber wunderte, meinte jemand, dieser Gedanke sei halt von den Nazis kaputtgemacht worden, die mithilfe von Sport die Jugend ideologisch vereinnahmen und unter ihre Kontrolle bringen wollten und das Volk mit sportlicher »Ertüchtigung« auf den Krieg vorbereiteten. Hitlers Zitat, die deutsche Jugend müsse »flink wie Windhunde, zäh wie Leder und hart wie Kruppstahl« sein, sitzt noch heute in vielen Köpfen.[4] Ich verstehe den schwierigen Hintergrund, denke aber, das sollte kein Grund sein, auf Sport als Ausgleich, als Einübung in Teamgeist und Leistung, kurz als Erfolgsmotor zu verzichten!

Mut ist ein Muskel

Dein größter Gegner ist die Angst

Einer meiner Lieblingssprüche heute lautet: ***Ein Nein ist zehn Schritte nach vorn!*** Überleg mal einen Moment, wie oft du in den letzten Wochen klar und deutlich Nein zu etwas gesagt hast. Also jetzt kein Nein zu einem T-Shirt, das dir nicht gefällt, und kein Nein zu Salat statt Pommes-Schranke (also Mayo und Ketchup für die Ahnungslosen, die nicht im Ruhrgebiet groß geworden sind). In solchen harmlosen Situationen rutscht einem das Nein leicht über die Lippen. Was ich meine, ist ein »großes« Nein, bei dem man einen Kloß im Hals bekommt, ein flaues Gefühl im Magen oder schwitzige Hände. Ein Nein, bei dem es wirklich um etwas geht. Ein Nein, bei dem man denkt, »Oh Gott, oh Gott, hoffentlich geht das gut!«

Im richtigen Moment Nein zu sagen, das kann Leben retten, Firmen oder zumindest deinen Tag. In meiner Plettenberger Straßengang haben wir jede Menge Unsinn angestellt. Kleine Streiche, Mutproben, all das Zeug. Dazu hat man schließlich Freunde, erst recht, wenn man zwölf ist, der Vormittag in der Schule kein Ende nehmen will und man sich hinterher austoben will. Ich habe viel mitgemacht, einfach, weil ich dazugehören wollte. Auch Sachen, die ich lieber nicht gemacht hätte – einen Regenwurm essen, im Supermarkt Süßigkeiten, Fahrradteile oder CDs klauen, den Kommunionsunterricht schwänzen, Prügeleien anzetteln, nur, um herauszufinden, wer der Stärkere ist. Aber noch heute bin ich froh darüber, dass ich irgendwann eine Grenze gezogen und Nein gesagt habe: in dem Moment, als es richtig kriminell wurde. Das war der Moment, in dem wir in einem Hausflur in der Nachbarschaft standen und einer sagte: »Wir gehen jetzt da rein. Die Leute in der Wohnung sind nicht da.« In dem Augenblick war das Nein für mich richtig schwer. Was werden die anderen sagen? Redet dann keiner mehr mit mir? Werde ich dann gemobbt? Ich habe mich trotzdem umgedreht und bin gegangen. Ab da gehörte ich nur noch halb dazu. Ich wurde nicht geschnitten, aber ich erfuhr auch nicht mehr alles.

Angst ist ein Käfig

Das ist kein Kinderkram, auch wenn sich das für dich vielleicht erstmal so anhört. Es ist genau die Situation, in der du heute bist, wenn dein Chef oder deine Chefin sich etwas überlegt hat, von dem du weißt, so funktioniert das nicht. Die anderen in eurem Team wissen das auch, aber alle nicken. Sagst du dann: »Nein, ich würde das nicht so angehen, weil ...«? Oder wenn du selbstständig bist und ein Kunde anruft, an dem du kaum etwas verdienen kannst, weil er immer Extranummern haben will. Sagst du dann: »Nein, tut mir leid, aber das machen wir nicht mehr«? Oder ganz banal, aber weit verbreitet: Wenn Weihnachten wieder einmal nach dem üblichen Muster gefeiert werden soll, das dir schon seit Jahren auf die Nerven geht. Sagst du: »Nein, dieses Jahr stelle ich mir das anders vor«? Was uns in solchen Situationen Ja sagen lässt, obwohl wir viel lieber Nein sagen würden, ist Angst – die Angst vor Ablehnung, die Angst vor Kundenverlust, die Angst vor Streit in der Familie.

Psychologen sagen, ***es gibt nur einen Weg, die Angst zu besiegen. Man muss durch sie hindurchgehen.*** Und genauso mache ich es heute. Ich gehe voll in die Angst rein. Wenn ich merke, mir wird flau im Magen, weil ich eine Entscheidung treffen möchte, die mir Angst macht, dann frage ich mich: Wovor hast du Angst? Warum? Was könnte schlimmstenfalls passieren? Diese Vorgehensweise habe ich beim Kampfsport

WingTsun gelernt, den ich inzwischen über 14 Jahre praktiziere, zwei Jahre davon auch als Trainer – ironischerweise im Polizeisport, wobei meine Schüler und Schülerinnen glücklicherweise nichts von meinen Jugendstreichen ahnten. Wir haben sehr oft ein so genanntes Szenario-Training gemacht. Dabei werden bedrohliche Situationen trainiert, bei denen der andere eine Schusswaffe, ein Messer oder eine zertrümmerte Flasche in der Hand hat. Die Angst, die dann kommt, kann man nur überwinden, indem man trotzdem beherzt handelt. Und nicht anders sieht es auch im Business aus – oder im Leben ganz allgemein. Du kannst die Angst nur besiegen, wenn du verhinderst, dass sie dich lähmt, und wenn du durch sie hindurchgehst. Je öfter du das machst, desto einfacher wird es. Irgendwann ist es wie beim Schachspiel, wo du die nächsten Züge vorausdenken kannst und dich nichts mehr einschüchtert, was dein Gegner tut.

Mut ist Übungssache

Erstaunlicherweise verkleinert sich die Angst schon dadurch, dass man ihr ins Auge sieht – je öfter, desto besser. ***Mut ist tatsächlich ein Muskel, den du genauso trainieren kannst wie deinen Bizeps.*** Denn du wirst die Erfahrung machen, dass die Folgen einer mutigen Entscheidung oft gar nicht so schlimm sind, wie du dir vorher ausgemalt hast. Leider sind die meisten Menschen wahre Meister darin, sich die allerschlimmsten Dinge auszumalen. Als Kinder stellen wir uns vor, unterm Bett wohnt ein Monster, nur weil wir ein kleines Geräusch gehört haben. Als Erwachsene stellen wir uns vor, der Chef oder die Chefin setzt uns auf die Abschussliste, nur weil man einmal anderer Meinung war als er oder sie. Als Unternehmer befürchten wir, der Umsatz bricht ein, wenn wir uns von Kunden verabschieden, die eigentlich nur Ärger machen. Umsatzrückgang, Pleite, Hartz IV – Katastrophe pur, und das in wenigen Wochen. Vermutlich war diese ängstliche Schwarzmalerei für Neandertaler lebensrettend. Besser annehmen, das Knacken im Gebüsch könnte ein Tiger sein, als zu denken: »Och, war sicher nur ein Vogel!« Das könnte der letzte Gedanke gewesen sein. ***Dabei ist es nicht so, dass erfolgreiche und mutige Menschen keine Angst haben. Sie gehen nur anders damit um.*** Sie stellen sich ihrer Angst. Sie scheuen sich auch nicht, die möglichen negativen Folgen eines Vorhabens in Gedanken durchzuspielen und ganz konkret zu visualisieren. Und wenn sie zu dem Schluss kommen, dass sie diese Folgen beherrschen können, dann handeln sie.

Ein schnelles Nein ist ein gutes Nein

Wir leben glücklicherweise nicht mehr im Neandertal, obwohl meine Plettenberger Clique das sicher spannend gefunden hätte. Die allermeisten Katastrophen passieren nur in unseren Köpfen. Und um diese vorgestellten Katastrophen abzuwenden, beschneiden wir unsere Möglichkeiten. Wir denken: »Lieber nicht!« und »Wer weiß, was alles passieren könnte!« Meistens haben wir auch noch besorgte Eltern, die uns in diesem Glauben bestärken. Dadurch klammern wir uns an Situationen, die uns nicht guttun, die wir vielleicht sogar hassen. Denn es könnte ja noch schlimmer kommen. Tut es aber meistens gar nicht. ***Das Monster unterm Bett existiert nicht.***

Wenn es eines gibt, was ich im Laufe der letzten Jahre gelernt habe, dann das: immer früher Nein zu sagen, wenn ich merke, irgendetwas passt nicht oder stimmt nicht mehr. Meine Onlinemarketing-Agentur machte ab dem Moment einen riesigen Umsatzsprung, als ich konsequent Nein zu Kunden sagte, die weniger als 1500 Euro Monatsumsatz einbrachten. Plötzlich hatte ich mehr Zeit für die wirklich lukrativen Aufträge, und diese Kunden empfahlen mich weiter. Ich spielte auf einmal in einer ganz anderen Liga. Aber mit der Entscheidung »keine kleinen Kunden mehr« hatte ich vorher Monate gerungen. Wäre ich schneller gewesen, wäre ich früher durchgestartet. Heute stehe ich wieder vor derselben Frage. Nur geht es dieses Mal um Kunden mit weniger als 5 000 Euro Monatsumsatz. Ein anderes Beispiel: Ich habe meine Agentur erst verkauft, als ich so überarbeitet war, dass ich vor einigen Jahren zusammenbrach. Ich war gerade aus dem Büro gekommen und freute mich auf ein langes Wochenende mit meiner Familie. Ich schloss die Tür auf. Dann wurde mir so schwindelig, dass ich mich auf den Boden legen musste. Als ich wieder zu mir kam, war der Notarzt da. Er konnte nichts Ernstes finden und meinte, ich wäre vermutlich einfach total überarbeitet. Irgendwann spielt der Körper nicht mehr mit. Hätte ich mein Hamsterrad eher verlassen, wäre mir diese Erfahrung erspart geblieben.

Es sind nur die großen Neins, die wirklich viel Kraft kosten. Das Nein zur Fortsetzung einer Ausbildung, zu der die Eltern gedrängt haben beispielsweise, oder das Nein zu einer Beziehung, die längst in eine Sackgasse geraten ist. Die kommen aber auch nicht jede Woche vor. Dafür haben wir ***jede Woche viele kleinere Neins, die uns in Summe guttun würden.*** Das Nein zu einem Abend mit Menschen, die einem eigentlich nichts bedeuten – zugunsten eines Abends mit der Familie. Das Nein zu einem Kundenauftrag, den man annehmen könnte, der einen aber nicht wirklich weiterbrächte – zugunsten einer Sache, die sich wirklich lohnt. Alles kleine mutige Schritte, und mit jedem dieser Schritte wächst der Mut. Wie ein Muskel!

Unternehmertum spielerisch
Das erste selbstverdiente Geld

Wahrscheinlich liegt mir das Unternehmertum einfach im Blut. Von meinem Großvater, der es selbst in einer kommunistischen Diktatur schaffte, gute Geschäfte mit Tabak, Kohlen oder Umzügen zu machen, habe ich dir ja schon berichtet. Auch mein Vater war eine Zeit lang selbstständig, bevor ihn eine Krankheit veranlasste, einen festen Job anzunehmen. Dank solcher Vorbilder war es für mich schon als Kind ganz normal, meine Fähigkeiten zu Geld zu machen.

Handwerk hat goldenen Boden

Für Taschengeld gab es bei uns daheim wenig Spielraum, da war Eigeninitiative gefragt. Also reparierte ich Fahrräder, baute Drachen für andere und schreckte auch vor Spezialaufträgen wie »Bau doch Torsten mal ein Baumhaus!« nicht zurück. Torstens Mutter kannte mich und hatte offenbar mitbekommen, dass ich nicht zu denen gehörte, die ihren unsportlichen Sohn ständig hänselten und piesackten. Mein handwerkliches Geschick hatte sich da in unserer Straße schon herumgesprochen, ähnlich wie ein Vierteljahrhundert später meine Erfolge im Onlinemarketing. Denn ***ob du 13 bist oder 31: Es geht im Business nichts über Empfehlungen zufriedener Kunden!*** Kurz: Ich machte, was ich ohnehin gut konnte, und wurde noch besser darin, weil ich es immer wieder tat. Vor allem hatte ich keine Scheu davor, über Geld zu reden. Wenn ein Mitschüler oder jemand aus der Nachbarschaft mich fragte: »Kannst du mal nach meinem kaputten Fahrrad gucken?«, fragte ich prompt zurück: »Was gibst du mir dafür?« Ziemlich schnell lernte ich auch, dass es klüger war, gleich Preise auszuhandeln und nach einem Blick auf das Problem beispielsweise zu sagen: »Für 'ne Mark und eine Tüte Bonbons reparier ich dir das!« In schwierigen Fällen verdoppelte ich den Preis. Mit diesen Fähigkeiten eiferte ich bald auch als Händler meinem Opa nach – nur, dass ich nicht mit Kohlen mein Geld verdiente, sondern mit gebrauchtem Spielzeug.

Der Flohmarkt als Handelsschule

In Plettenberg gab es alle paar Monate samstags und sonntags einen Flohmarkt, auf dem man von der Pressglas-Vase über gebrauchte Kleidung bis zum Wohnzimmerteppich alles kaufen konnte. Das brachte mich schon in der vierten Klasse auf die Idee, Spielsachen, die ich nicht mehr brauchte, zu verkaufen. Ein paar Mark mit Fundstücken aus Keller und Kinderzimmer zu verdienen, reichte mir allerdings nicht. Ich zog das Ganze gleich professionell auf. Alle Händler wissen, dass der Standort einen entscheidenden Anteil am Geschäftserfolg hat, und die, die das nicht wissen und den dritten Fahrradladen oder den x-ten Kiosk im Viertel aufmachen, sind bald wieder weg vom Fenster. Also stand ich an Flohmarkt-Samstagen und -Sonntagen mit den Hühnern auf und sicherte mir einen verkaufsfördernden Standort gleich am Anfang der Flohmarktstraße, dort, wo die Laufkundschaft zahlreich war und das Geld noch locker saß. Ich zählte definitiv nicht zu den Juniorverkäufern, die schon dankbar strahlten, wenn ihnen überhaupt jemand etwas abkaufte. Nur 50 Pfennig für den roten Matchbox-Ford? Der war locker das Dreifache wert! Und der Kinderkassettenrekorder mit Mikro von Fisher Price war kaum gebraucht und würde im Laden locker das Fünffache kosten. Sobald ich ausverkauft war (das heißt die Decke vor meinen Füßen, auf der ich meine Schätze ausbreitete, war leer), flitzte ich mit meinen Einnahmen zum Ende der Straße und erstand bei der Spielzeugkonkurrenz neue Ware. Natürlich zum möglichst günstigen Preis. Wie, 50 Pfennig für ein Matchbox-Auto? Ich bot eine Mark und würde gleich drei davon nehmen. Nach kurzer Zeit hatte ich mich wieder mit Ware eingedeckt und kehrte an meinen Verkaufsstand zurück, wo ich meine Einkäufe mit einem Preisaufschlag weiterverkaufte.

Auf diese Weise verdiente ich super, an meinem Spitzentag exakt 152 D-Mark. Für mich war das damals ein kleines Vermögen, mit dem ich mir einen Wunsch erfüllte: ein Tamagotchi. Das war von Anfang an das Ziel, das mich beflügelte – so sehr, dass es am Ende für drei dieser elektronischen Küken gereicht hätte. Für mich war der Flohmarkt eben kein bloßer Zeitvertreib, sondern ein echtes Business. Und wie jeder Geschäftsmann und jede Geschäftsfrau definierte ich vorab meine finanziellen Ziele. Später, als die Spielzeugkisten abverkauft waren, kamen Einnahmen aus dem Sport hinzu: Mein Einsatz beim Tischtennis fand Förderer, und später als Trainer für Kampfsport wurde ich natürlich auch bezahlt. ***Die Aufgabe, Geld zu verdienen, begleitet mich also von Kindesbeinen an und ist für mich so selbstverständlich und alltäglich wie Zähneputzen und Duschen.*** Natürlich bemerkte ich, dass meine wohlhabenderen Teenager-Freunde das eher exotisch fanden. Fürs Unternehmertum war das aber eine sehr gute Schule. Deswegen halte ich es auch für richtig und wichtig, wenn Kinder gegen Bezahlung Hunde ausführen, für Nachbarn einkaufen gehen oder den Rasen mähen, und zwar unabhängig vom Einkommen der Eltern. So lernen sie früh, dass sie mit ihren Fähigkeiten Geld verdienen können.

Warum lernen Kinder nichts über Unternehmertum?

Ein Bekannter, der mit seiner Familie auf dem Land wohnt, erzählte mir folgende Geschichte aus der Grundschulklasse seines Sohnes: Im Rechnen wird eine Textaufgabe gestellt. Darin will ein Bauer sein Feld einzäunen. Das Feld ist 20 Meter breit und 50 Meter lang. Wie viel Zaun braucht der Bauer? Während die meisten Schüler schon eifrig rechnen, meldet sich der Sohn und fragt: »Warum will der denn seinen Acker einzäunen? Da kommt er doch mit seinem Trecker gar nicht mehr drauf!«

Ich mag die Geschichte, weil sie zeigt, wie weltfremd es manchmal in der Schule zugeht. Warum rechnet man dort nicht mal aus, wie viel das Sportgeschäft an einem Paar der supertollen Nike-Sneaker wirklich verdient, das im Einkauf x Euro kostet und noch dazu Miete, Strom, Heizung und Personal in Höhe von y Euro pro Paar mitfinanzieren muss? Ich denke nicht, dass man das Unternehmertum in den Genen haben muss, um eine erfolgreiche Firma zu gründen. Hilfreich wäre allerdings, wenn Unternehmertum hin und wieder im Schulalltag Thema wäre, positiv dargestellt und spielerisch vermittelt würde. Nicht jeder hat schließlich einen Kleinunternehmer zum Großvater und kann ihm über die Schulter schauen.

Hinzu kommt, dass Unternehmer meiner Wahrnehmung nach oft negativ dargestellt werden, als reiche Geldsäcke, die ihre Mitarbeiter und Mitarbeiterinnen ausbeuten. Ich übertreibe bewusst, aber die Tendenz in manchen Medien, Parteien und sicher auch in manchen Elternhäusern geht in diese Richtung. Erstaunlicherweise wird aus der These, dass Unternehmer und Unternehmerinnen scheinbar mühelos auf Kosten anderer Menschen viel Geld verdienen, nicht der Schluss gezogen, einfach selbst Unternehmer und damit reich zu werden. ***Mit Auf-andere-Einprügeln hat es aber noch niemand zu Wohlstand gebracht.*** Ähnlich widersprüchlich wie die Haltung zum Unternehmertum ist die Einstellung vieler Menschen zum Geld. Jeder will möglichst viel davon haben (zumindest die, die ich kenne). Aber kaum einer spricht offen über Gehalt, Verdienstmöglichkeiten und Wege, sein Geld zu vermehren. Kaum jemand setzt sich finanzielle Ziele und fragt sich, wie man sie erreichen kann. Lieber redet man sich ein, auf ehrliche Weise sei es sowieso kaum möglich, ein Vermögen aufzubauen. Mein Vorteil war, dass ich schon früh gelernt habe: Wenn ich mir etwas leisten möchte, muss ich dafür arbeiten. Berührungsängste beim Thema Geld sind mir fremd. Auf meine ersten nagelneuen Nikes habe ich mehrere Monate gespart und sie mir mit Rasenmähen, Arbeit in einer Baumschule, Feldarbeit und Aushilfe in einer Großmetzgerei verdient. Leider wurden sie mir nach wenigen Tagen in der Umkleide des Sportvereins geklaut. Aber auch daraus habe ich gelernt – in dem Fall nicht zu vertrauensselig zu sein.

Ersetze Neid durch Wissbegier

Angeblich sind die Deutschen »Neidweltmeister«. Diese Überzeugung formulierte der Chefredakteur der *Welt*, Ulf Poschardt, 2018 in einem heiß diskutierten Kommentar.[5] Eine Studie von Rainer Zitelmann für sein Buch *Die Gesellschaft und ihre Reichen* (2019) bestätigte seine These. Stärker als in den USA, Großbritannien und sogar Frankreich gelten Reiche demnach hierzulande als »egoistisch«, »materialistisch«, »rücksichtslos« und »gierig«. Zwischen knapp 50 und über 60 Prozent der Bevölkerung sind offenbar dieser Meinung.[6] ***Ich habe Erfolgsgeschichten immer eher als Ansporn empfunden und nicht als Anlass für Neid und Aggression.*** Beispiel gefällig? In der elften Klasse fuhr ein Mitschüler plötzlich einen Audi TT. Gebraucht zwar, aber trotzdem: Wie konnte der sich das leisten? Ich wusste, dass bei ihm zu Hause das Geld knapp war. Seine Mutter arbeitete als Friseurin, ob ein Vater anwesend war, weiß ich nicht. Statt zu lästern oder in den Chor wilder Spekulationen einzustimmen (Erbonkel in Amerika? Drogen? Banküberfall?), fragte ich ihn einfach: »Super Auto! Wie finanzierst du das?« So erfuhr ich von Network-Marketing. Der Mitschüler verkaufte über einen Strukturvertrieb in seinem Bekannten- und Freundeskreis Kosmetika und andere Artikel aus dem Bereich »Health & Beauty«. Ich erkundigte mich, ob ich da auch einsteigen könne. Das war gleich möglich, denn jeder Verkäufer in so einem System hat ein Interesse daran, weitere Verkäufer anzuwerben und an deren Verkäufen durch eine Provision mitzuverdienen.

Aus heutiger Sicht hatte ich im Network-Marketing eher mittelmäßige Erfolge. Ich verdiente in meiner Hochphase zwischen 400 und 500 D-Mark pro Monat mit dem Produktverkauf und durch Provisionen von Verkäufern, die ich inzwischen selbst angeworben hatte. Aber ich lernte viele Menschen kennen und konnte sie immer besser einschätzen. In circa anderthalb Jahren habe ich rund 1200 potenzielle Kunden angesprochen und über 200 von ihnen selbst für Network-Marketing gewonnen. Bis heute denke ich, ein Strukturvertrieb ist eine gute Gelegenheit, um in kurzer Zeit viel über Verkauf und Vertrieb zu lernen, wenn auch nicht unbedingt ein Job fürs Leben.

»Der Tod des Glücks ist der Vergleich«, heißt es oft. Ich fürchte, auf die meisten Menschen trifft das zu.[7] Das ist fatal, denn es wird immer jemanden geben, der noch mehr hat, noch mehr verdient, noch erfolgreicher ist. Ich könnte auf eine Menge Menschen neidisch sein, wenn ich wollte. Vielleicht ist sogar Superunternehmer Elon Musk insgeheim neidisch auf Jeff Bezos – und umgekehrt. Der Tesla-Gründer könnte sauer sein, dass nicht er als Erster Touristen in den Weltraum schoss – denn das war Bezos. Außerdem belegt der Amazon-Chef Platz eins auf der Liste der reichsten Menschen der Welt, Musk ist aktuell (2021) »nur« die Nummer 2.[8] Jeff Bezos wiederum könnte Musk sein Image als Superstar neiden. Schließlich gilt er selbst nur als »Allesverkäufer«[9]. Wenn Neid den eigenen Ehrgeiz befeuert und zu mehr Anstrengung motiviert, kann er zeitweise nützlich sein. Viel klüger ist es aber, sich gar nicht erst mit negativen und missgünstigen Gedanken aufzuhalten, sondern sich Menschen, die erfolgreicher sind als man selbst, zum Vorbild zu nehmen. ***Frag dich oder am besten gleich sie selbst, wie sie es geschafft haben.*** Und dann prüfe, was du daraus lernen kannst und ob das auch für dich umsetzbar ist.

Durchhalten macht den Unterschied

Quick-Wins versus Long-Term-Wins

Rund zwanzig Jungen waren wir damals, die in der Straße vor unserem Wohnblock in wechselnder Besetzung ihre Freizeit miteinander verbrachten. Die meisten habe ich aus den Augen verloren. Einige von ihnen haben sich trotz mäßiger Startbedingungen ein erfolgreiches Leben aufgebaut. Deniz ist Fotograf geworden. Jakub ist heute Lehrer – damals hätten wir uns schlapp gelacht bei dieser Vorstellung. Einer, Roman, wurde sogar Professor – er lehrt heute an einer Hochschule in Hessen. Die Herkunft ist also kein unabwendbares Schicksal, es gibt genügend Gegenbeweise. Bei den anderen dagegen verlief das Leben eher so, wie es am Sonntagabend im Dortmunder *Tatort* präsentiert wird – einmal Hartz IV, immer Hartz IV. Diese Kumpel wurden Kleinkriminelle, Drogendealer, Zuhälter. Auch mein bester Freund Murat landete irgendwann für ein paar Jahre im Gefängnis. Woran liegt das?

Neue Nikes: Klauen oder darauf sparen?

Ich maße mir nicht an, erschöpfende Erklärungen für das Gelingen oder Misslingen eines Lebens zu geben. Dafür sind die Gründe zu vielfältig und komplex und dafür weiß ich auch zu wenig über die Einzelnen, ihre Elternhäuser und ihre Erfahrungen. Was mir jedoch auffällt: Schon damals, als wir noch Kinder und Jugendliche waren, gab es zwei unterschiedliche Fraktionen. Die einen setzten auf Quick-Wins, die anderen brachten die Geduld für Long-Term-Wins auf. Damit meine ich Folgendes: Wir alle träumten von coolen Klamotten, den neuesten Nikes, dem gerade angesagten Fußball-Trikot der Lieblingsmannschaft. Manche tauchten dann von einem Tag auf den anderen mit solchen geilen Outfits in der Schule auf. Sie wurden dafür bewundert und sonnten sich in der allgemeinen Aufmerksamkeit. Doch ihre Eltern waren nicht etwa über Nacht zu Geld gekommen. Diese Kumpel waren ins Drogengeschäft eingestiegen. ***Ein klassischer Quick-Win, ein schneller Erfolg – heute dealen, morgen coole Klamotten.*** Langfristig führte dieser Weg meist ins Abseits, zu Drogensucht, Kriminalität, gescheiterten Ausbildungen und Lebensverläufen. Wer sich einmal ans schnelle Geld gewöhnt hat, tut sich vermutlich schwer mit Disziplin, Ausdauer und Belohnungsaufschub. So nennen Psychologen die Fähigkeit, auf kurzfristige Annehmlichkeiten zu verzichten, zugunsten langfristiger, aber dafür nachhaltiger Erfolge – Long-Term-Wins eben.

Von daher kann ich mir vorstellen, wie schwer es für manchen Jugendlichen in Berlin-Neukölln oder Duisburg-Marxloh ist, wochenlang fürs Abschlusszeugnis zu büffeln, mit der Aussicht auf eine überschaubare Ausbildungsvergütung, wenn vor der Tür gleichzeitig die dicken SUVs der Leute cruisen, die scheinbar mit wenig Anstrengung ein geiles Leben haben und sich über ehrliche Arbeit lustig machen. Zumindest solange es gut geht, denn den Preis, den die Cruiser langfristig bezahlen, den sieht man halt nicht. Mein Schlüsselerlebnis für den unterschiedlichen Umgang mit Belohnungsaufschub waren meine ersten selbstverdienten Nikes, die mir postwendend geklaut wurden, weil ich sie unvorsichtigerweise in der Umkleidekabine stehen gelassen hatte. Worauf ich wochenlang gespart hatte, das schnappte ein anderer sich einfach, ohne einen Fingen dafür krumm zu machen. Ob es ihm gutging damit? Schließlich musste er immer fürchten, von mir in die Mangel genommen zu werden, sollte ich ihn erwischen. Und ob er mit dieser Strategie noch heute erfolgreich ist? Ziemlich sicher nicht.

Was Marshmallows mit Lebenserfolg zu tun haben

In einem berühmt gewordenen Experiment machte der Psychologe Walter Mischel mit Vorschulkindern den so genannten Marshmallow-Test. Der Deal: Das Kind bekommt ein Marshmallow und darf ihn sofort essen, wenn es möchte. Wartet es aber ab und widersteht der Versuchung, bekommt es später ein zweites Marshmallow dazu. Der Versuchsleiter erklärt dem Kind diese Regel und verlässt dann den Raum, in dem das Kind sitzt. Dort gibt es wenig Ablenkung, was die Qual der Kleinen noch steigert. Manche Kinder schaffen es trotzdem, sich zu beherrschen, bis zu 20 Minuten lang! Dabei entwickeln sie die erstaunlichsten Ablenkungsstrategien. Andere schaffen es nicht. Jahrzehnte später schaute man sich die Lebenssituation dieser Kinder an. Stark verkürzt lautet das Ergebnis: Wer schon als Kind zur Selbstkontrolle in der Lage ist, erreicht auch als Erwachsener häufig mehr im Leben.[10] Selbstkontrolle befähigt dazu, auf langfristige Ziele hinzuarbeiten und Entscheidungen zu treffen, die momentan zwar unangenehm, auf Dauer aber von Vorteil sind. ***Selbstkontrolle macht zudem selbstbewusster, denn sie verschafft uns Erfolgserlebnisse*** – die Erfahrung, etwas schaffen zu können, wenn man es sich vorgenommen hat.

Mischels über 50 Jahre altes Experiment hat auch Kritik hervorgerufen. Kritiker wiesen darauf hin, dass der Ausgang des Experiments dadurch beeinflusst werde, welche Erfahrungen Kinder zuvor mit Erwachsenen und ihrer Verlässlichkeit gemacht haben.[11] Ein Kind, das gelernt hat, Erwachsenen nicht immer trauen zu können, denkt sich vielleicht: »Lieber jetzt den einen Marshmallow essen. Wer weiß, ob es überhaupt einen zweiten gibt!« Ein interessanter Punkt. Und natürlich kann man aus einem einzigen Versuch nicht jeden Lebenslauf sicher vorhersagen, was Mischel im Übrigen auch nie behauptet hat. Trotzdem finde ich den Hinweis auf die wichtige Rolle der Kontrolle spontaner Impulse für erfolgreiches Handeln wichtig. Bei Kindern mag es um Süßigkeiten gehen, bei Jugendlichen um coole Klamotten. Bei Erwachsenen geht es eher um die kurzfristige Mega-Rendite bei der angeblich todsicheren Geldanlage oder um die Geschäftsidee, mit der du in drei Tagen Millionär wirst. Wem es an Selbstkontrolle mangelt, wer am liebsten alles sofort möchte, der geht solchen Quick-Wins eher auf den Leim. Irgendwer muss die Spam-Mails von angeblichen Gaddafi-Nichten, die ein Millionenvermögen ausrechnet auf dem Konto des Empfängers parken wollen, ja für bare Münze nehmen. Oder glauben, dass es tatsächlich Wundermittel gibt, die überflüssige Pfunde ohne jedes Zutun über Nacht wegschmelzen, im Nu Haare auf der Glatze sprießen lassen oder ohne große Anstrengung ein Luxusleben möglich machen. Doch viele Quick-Wins haben langfristig miese Folgen, und viele Long-Term-Wins erfordern zwar Durchhaltevermögen, zahlen sich aber vielfach aus. ***Gewinner haben einen langen Atem.***

Wer abwarten kann und dabei etwas tut, ist im Vorteil

Ob in der Ausbildung, beim Sport oder im Business: Nirgendwo stellt sich der Erfolg mühelos und quasi über Nacht ein. Für Erfolge muss man arbeiten, manchmal mehr, manchmal weniger. Bis zum Fachabitur machte ich diese Erfahrung vor allem beim Sport, die Schule fiel mir nach dem etwas holprigen Start zumindest in Mathe und Naturwissenschaften leicht. Für diese Fächer hatte ich offenbar Talent. Das allein reicht aber nicht. Stephen King, einer der meistgelesenen Autoren unserer Zeit, soll gesagt haben: »Talent ist billiger als Salz. Was den erfolgreichen Menschen vom talentierten unterscheidet, ist eine Menge harter Arbeit.« Im ersten Semester an der Fachhochschule erfuhr ich das am eigenen Leib – ich musste richtig ackern, um den Anschluss nicht zu verpassen. Das erinnerte mich fatal an meine ersten ernsthaften Trainingsstunden beim WingTsun, nach denen mir übel war vor Erschöpfung. Und auch wenn das in Zeiten von Social Media und den aufpolierten Fassaden dort gern verschleiert wird: Jeder, der Erfolg hat, kennt Durststrecken. Und jeder der Erfolg hat, musste auch Misserfolge einstecken. Die postet er halt nicht. Erfolg hat er, weil er sich davon nicht ausbremsen ließ, sondern weitergemacht hat. ***Durchhalten macht den Unterschied.***

Die gute Nachricht: Durchhaltevermögen kann man lernen. Davon ist nicht nur Walter Mischel überzeugt, sondern auch Ernst Fehr. Falls du noch nie von ihm gehört hast, ist das kein Wunder – es sei denn, du studierst zufällig Volkswirtschaft. Fehr ist in diesem Fach eine wirklich große Nummer – ein Verhaltensökonom, der an der Universität Zürich lehrt und sogar für den Nobelpreis gehandelt wird. Er beschäftigt sich unter anderem mit der Rolle von Geduld und Ungeduld für den Lebenserfolg und hat gemeinsam mit seinen Mitarbeitern und Mitarbeiterinnen ein Programm für Grundschulkinder entwickelt. Darin lernen sie in zwölf Wochen, sich die konkreten Folgen ihres Handelns vorzustellen und sich zu überlegen, welche anderen Handlungsmöglichkeiten sie noch haben, die sich positiver auswirken.[12] Und wenn schon Grundschulkinder das schaffen, hat jeder eine Chance. Wenn du selbst öfter mit deiner Selbstkontrolle kämpfst, starte am besten mit kleineren Herausforderungen, bevor du dich an die dicken Brocken wagst. Meine Erfahrung ist: Je mehr Schwierigkeiten ich bewältigt habe, desto leichter fiel mir das. Je öfter ich am Ball geblieben bin und nicht aufgegeben habe, desto mehr Erfolg hatte ich. Und je weniger ich der Versuchung nachgab, mir kurzfristig das Leben einfacher zu machen, desto zuversichtlicher wurde ich, auch größere Herausforderungen zu meistern. Also: Leg los!

LEHRJAHRE

AUF DER SUCHE NACH DER EIGENEN LEIDENSCHAFT

»Wünsche dir nicht, dass es einfacher wäre. Wünsche dir, dass du besser darin wirst.«

Jim Rohn

Fleiß vor Vergnügen
Die erste eigene Firma

Ich hoffe, du klappst das Buch nicht gleich zu, wenn du diese Überschrift liest. Doch, wie der Westfale sagt, ***von nix kommt nix.*** Die Geschichten vom märchenhaften Aufstieg bis dahin Unbekannter sind genau das: Märchen. Vielleicht hast du schon mal von Paul Potts gehört? Die offizielle Story geht so: Paul ist ein dicklicher Handyverkäufer aus einer englischen Arbeiterfamilie, der eines Tages in der Show *Britain's got Talent* auftritt. Dort sucht man wie bei uns den »Superstar«. Die Jury belächelt den unscheinbaren Kandidaten, der zu allem Überfluss ausgerechnet eine Opern-Arie zum Besten geben will. Dann beginnt Potts zu singen, die Jury ist zu Tränen gerührt. Anschließend geht es Schlag auf Schlag: Gewinn der Show, Plattenvertrag, Berühmtheit, Millionen-Einnahmen. Potts ist ein gemachter Mann, lässt sich die Zähne richten und singt später sogar vor der Queen. Die wahre Story hinter der Story dauert ein wenig länger. Potts sang in Wahrheit seit seiner Kindheit in verschiedenen Kirchenchören, er investierte Tausende Pfund in seine Stimmausbildung an italienischen Opernschulen und trat ohne Gage in Amateuropern auf. Erst danach schaffte er es in die Talentshow im Fernsehen. Bevor Potts mit 37 Jahren über Nacht berühmt wurde, hatte er viele Jahre hart dafür gearbeitet.[13]

Du kannst Potts wahre Geschichte frustrierend finden. Du kannst sie aber auch ganz anders sehen: Märchen werden auf immer und ewig Wunschträume bleiben. Die echte Geschichte dagegen zeigt: Anstrengung zahlt sich aus, und es ist egal, wo jemand herkommt. Entscheidend ist, was er aus seinem Leben macht. ***Umwege sind dabei nicht immer vermeidbar. Manchmal braucht es sie sogar, um herauszufinden, welcher Weg der richtige ist*** und wo das eigentliche Ziel liegt. Einen solchen Umweg machte ich gleich nach der Schule, die ich mit dem Fachabitur beendete. Weil ich gerne und auch ganz gut zeichnete, träumte ich davon, Architektur zu studieren. Dort bekam ich aber keinen Studienplatz, weil mein Notendurchschnitt 2,7 war, der Numerus Clausus für Architektur aber mindestens den Durchschnitt 2,3 verlangte. Irgendwer brachte mich auf die Idee, es stattdessen mit Bauingenieurwesen zu versuchen – vielleicht ein Berater vom Arbeitsamt, vielleicht jemand aus dem Bekanntenkreis meiner Eltern. Heute kann ich das gar nicht mehr genau sagen. Außerdem hatte mein Vater klargestellt: »Wenn du nicht zur Schule gehst, gehst du arbeiten, meinetwegen auf dem Bau. Zu Hause faulenzen, das gibt es nicht.« Jedenfalls war der so entstandene Plan, Bauingenieur zu werden, ein Reinfall. Ich hatte einen Studienplatz in Münster bekommen und startete voller Optimismus. Doch schon in der ersten Vorlesung »Grundlagen der Mathematik« kam der Schock. Ich verstand wenig bis gar nichts. Der Professor hätte ebenso gut Chinesisch sprechen können. »Holla die Waldfee, jetzt musst du echt was tun«, dachte ich, und »Gott, wo war ich die letzten zehn Jahre?« Außerdem waren in diesem Studiengang ohne Ende Paragraphen zu pauken, denn das deutsche Baurecht regelt wirklich jede Kleinigkeit. Und überhaupt: Lust, ständig in Gummistiefeln auf zugigen Baustellen herumzulaufen, hatte ich auch nicht.

Nach wenigen Wochen ahnte ich: Das hier ist nichts für mich.

Ich habe mich schwer getan mit der Entscheidung, aufzuhören, denn ich empfand sie als Niederlage. Einfach aufgeben? Doch im Nachhinein war der Wechsel zur FH Südwestfalen und zur Fächerkombination Projektmanagement und Messtechnik richtig. Dieses Mal durfte ich es aber nicht vergeigen. Ich strengte mich mächtig an und bekam wieder Boden unter den Füßen. Dabei kam mir meine Begabung für Physik und für Naturwissenschaften insgesamt zugute. Am Ende des zweiten Semesters bot man mir eine Hiwi-Stelle (also einen Nebenjob als wissenschaftliche Hilfskraft) im Physik- und Messtechniklabor an. Dort war ich für die Betreuung von Projektarbeiten der Erstsemester zuständig. Den Stoff im Studiengang konnte ich gut bewältigen. Er ließ mir sogar Zeit dafür, andere Interessen zu verfolgen. Im Rückblick war das ein absoluter Glücksfall, denn so tauchte ich parallel in die Welt des Internets ein, die meine Leidenschaft und schließlich die Quelle meines Erfolgs werden sollte.

Firmengründung im Kinderzimmer

Nach dem Wechsel auf die Fachhochschule wohnte ich weiterhin zu Hause bei meinen Eltern, genauer gesagt in meinem Kinderzimmer, das ich mit meinem älteren Bruder teilte. Nicht gerade das, wovon man mit Anfang 20 träumt. Doch andere gründen in Garagen, bei mir waren es eben die vier Wände, die zur Hälfte mit Siegerurkunden aus meiner Schulzeit gepflastert waren. In der anderen Hälfte saß mein Bruder jeden Tag wie gebannt vor dem kastenförmigen Monitor seines Computers und tippte. Ich fragte ihn, was er da macht und warum er den ganzen Tag vor dem Bildschirm hockt. »Das ist das Internet«, entgegnete er, »und ich lerne.« Mein Bruder studierte Informatik und wurde später einer der Besten seines Jahrgangs. Direkt nach dem Examen sollte er ein Jobangebot von der Schweizer Niederlassung der Deutschen Bank bekommen, das er auch annahm. Ich saß also an der Quelle, was das Netz und seine Möglichkeiten anging.

Für alle, die unter 30 sind, ist eine Welt ohne Internet kaum noch vorstellbar. Während inzwischen fast 95 Prozent aller Deutschen seit über 14 Jahre das Internet nutzen, kannte sich 1997 nur eine kleine Minderheit damit aus.[14] Parallel zum Aufstieg des World Wide Web begann der »Neue Markt« zu boomen. In den USA, aber auch in Deutschland entstanden zahlreiche Technologie-Unternehmen und verzeichneten an den Börsen zum Teil atemberaubende Kursgewinne. Die waren häufig aber eher von der Hoffnung der Anleger auf schnelles Geld getrieben als von tragfähigen Geschäftsmodellen. Im Jahr 2000 platzte die so genannte Dot.com-Blase, hippe Unternehmen gingen reihenweise Pleite, Anleger (darunter viele Kleinanleger ohne Börsenerfahrung) verloren ihr Geld. 2003 machte die Deutsche Börse den Nemax (Aktienindex für den »Neuen Markt«) dicht, den sie erst sechs Jahre zuvor ins Leben gerufen hatte.[15] Mitten in dieser Zeit, in der die Goldgräberstimmung langsam von Untergangsszenarien überlagert wurde, begann mein Interesse fürs Netz.

Am Anfang war das Flirtportal

Damals lief im Fernsehen zur besten Sendezeit ein Werbespot für »NEU.DE«. Dahinter verbarg sich ein Flirtportal, das es bis heute gibt. Ich dachte mir: »Wer so viel Geld für Werbung ausgeben kann, verdient offensichtlich ordentlich Geld mit seinem Business«. Auch konnte ich mir vorstellen, dass eine Menge Leute ähnlich wie ich diverse Jobs und daher wenig Zeit hatten, in der Disco auf die Partner-Pirsch zu gehen. Internet-Dating musste eine Goldgrube sein! So entstand meine Idee, ebenfalls ein Flirtportal zu gründen. Mein Bruder machte mich mit einem Software-Entwickler bekannt, der versprach, das Ganze in vier Monaten zu programmieren. Am Ende dauerte es neun Monate, und die Seite war nur zu Dreiviertel fertig. Dann war das Geld alle, das ich mühsam als Aushilfsmetzger, mit Feldarbeit und dem nächtlichen Ausfahren von Brötchenrohlingen an Bäckereien verdient hatte. Der Programmierer verabschiedete sich und ließ mich mit einem unfertigen Projekt sitzen. Ausgerechnet das Bezahlsystem fehlte noch. Fazit: ***Ich war pleite und hatte eine Seite, mit der ich kein Geld verdienen konnte.***

Was tun? »Halb schwanger« aufzuhören, war keine Option. Ich musste das Projekt selbst fertigstellen. In den folgenden Wochen und Monaten las ich alles dazu, wie man zum Thema online Geld verdienen kann, was mir vor die Nase kam. Ich verbrachte Nächte in Foren und Blogs, vorwiegend aus den USA. Dabei lernte ich viel über Suchmaschinenmarketing (»SEM«, Search Engine Marketing), also über Maßnahmen zur optimalen Platzierung der eigenen Website bei Suchanfragen im Internet. Für Werbung wie NEU.DE oder gar für TV-Spots hatte ich kein Geld – also musste ich anders auf mein Angebot aufmerksam machen. Ich kam erstmals mit Affiliate-Marketing in Berührung. Beim Affiliate-Marketing fließen Provisionen für Aufträge bei Fremdunternehmen, die über deren Anzeigen auf der eigenen Website zustande gekommen sind. Außerdem gelang es mir, mithilfe eines Dienstleisters das Beitreten und das Bezahlen auf meinem Portal – es hieß flirtship.de – einfach über SMS zu organisieren.

Die (bisher) beste Idee meines Lebens

Was ich hier in wenigen Sätzen zusammenfasse, war in Wirklichkeit ein monatelanger mühsamer Weg. Selbst mit ausgeklügelter Suchmaschinenoptimierung hatte ich nach einem Vierteljahr nur 2000 Zugriffe auf meine Seite, und das pro Woche. Geschickt gewählte Keywords (wie zum Beispiel »Flirten in XY-Stadt«) funktionierten aber immer besser. Die Zahlen gingen nach oben, und nach einem halben Jahr waren es schon 2000 Klicks pro Tag, Tendenz steigend. Parallel dazu schaltete ich Bannerwerbung für Produkte, die für junge Leute interessant waren: Handyverträge, Studentenkredite, Studentenpartys, Klamotten. Vermittelt wurden diese Banner über Affiliate-Netzwerke, Portale im Internet, bei denen man sich mit seiner Website bewarb und für die ich mit wachsenden Zugriffszahlen interessant wurde. Es dauerte nicht lange und auch Werbung großer Unternehmen wie Quelle oder Tchibo wurde auf meiner Seite platziert. Nach etwa einem Jahr verdiente ich endlich Geld mit meiner Seite. Wir sprechen hier aber nicht von Millionen, sondern von 1 000 bis 5 000 Euro im Monat. Dieses Geld verdiente ich vor allem mit Werbung und den dadurch fließenden Provisionen für Produktverkäufe. Als mir das klar wurde, hatte ich einen Geistesblitz, der wieder einmal mein Leben verändern sollte: ***»Du brauchst kein Flirtportal, um Geld zu verdienen. Du brauchst nur gute Werbung!«*** Das war die Geburtsstunde von meinem Unternehmen Adzoom, auch wenn ich das damals noch nicht wusste.

Das Portal habe ich später an einen Mitbewerber verkauft; es brachte mir damals den Gegenwert eines Mittelklassewagens ein. Soweit ich weiß, wurde es ziemlich bald weiterverkauft. Heute steht die Web-Adresse auf sedo.com, einem Domain-Marktplatz, für 3 000 Euro zum Verkauf. Ich denke, keiner hatte eine Ahnung, was man mit der Seite erreichen kann, wenn man es richtig anstellt – und so starb sie mit der Zeit.

Mit dem Erfolg von flirtship.de war die Kernidee meiner ersten richtigen Firma geboren: die systematische Programmierung von Nischen-Websites, die sich für einschlägige Werbung anbieten. Zunächst als Ein-Mann-Unternehmen, später mit bis zu 20 Mitarbeitern und Mitarbeiterinnen erstellte ich Seiten wie »Studentenkredit«, Kredit-ohne-Schufa.de, mobilexperte.de und mobilexperte.com, handy-ohne-schufa.com. Der Mobilfunkmarkt und der Kreditmarkt entwickelten sich zu meinen Schwerpunkten. In diesen Bereichen kannte ich mich besonders gut aus. Zeitweise war ich Verkäufer Nummer 1 eines Mobilfunkanbieters und wurde dafür mit Luxusreisen und anderen »Incentives«

– materiellen Anreizen für weiteres Engagement – belohnt. Am Ende betrieb meine Firma über 400 Seiten, ich verdiente viele Hunderttausend Euro – und war total überarbeitet. Doch das ist eine andere Geschichte, die ich im dritten Kapitel (»Erfolgsjahre«) erzähle.

Dranbleiben macht den Unterschied

Wie Paul Potts bin also auch ich nicht über Nacht erfolgreich und wohlhabend geworden. ***Wer über Nacht erfolgreich wird, hat vorher unzählige Tage hart gearbeitet*** – darauf kannst du wetten! Jeder Fußballer, der es ganz nach oben schafft, hat vorher unzählige Bälle gekickt und viele Jahre trainiert. Jeder Pianist hat sich seit Kindesbeinen die Finger wundgeübt. Und jeder erfolgreiche Unternehmer hat lange Arbeitstage und schlaflose Nächte hinter sich, bis der Laden läuft. Hätte ich die Arbeitszeit, die ich ins Flirtportal steckte, ins Verhältnis zu meinem damaligen Gewinn gesetzt, wäre ich in den ersten anderthalb Jahren vermutlich nicht einmal auf einen Mindestlohn gekommen. Beim Discounter an der Kasse hätte ich mehr verdient. Aber ohne diese harte Schule wäre ich nicht gezwungen gewesen, Experte für Onlinemarketing zu werden. Ich hätte nicht die Möglichkeiten des Affiliate-Marketings entdeckt. Und ich wäre vielleicht niemals Millionär geworden. Ganz zu Recht heißt es: »Es gibt mehr Menschen, die kapitulieren, als solche, die scheitern.« Angeblich stammt dieser Spruch von Henry Ford, dem Gründer der Ford Motor Company und Jahrhundertunternehmer. Und der wusste offenbar genau, wie Erfolg funktioniert.

Dranbleiben macht tatsächlich den Unterschied zwischen Erfolg und Misserfolg. Was natürlich die Frage aufwirft, wie du es schaffst, an einer Sache dranzubleiben, auch wenn du dich nicht für den Fleißigsten unter der Sonne hältst. Die beste Motivation ist meiner Erfahrung nach Leidenschaft für die Sache.

Wäre ich nicht fasziniert vom Internet gewesen, hätte ich es nicht durchgehalten, nächtelang dazu zu lesen und auf diese Weise langsam, aber sicher zum Experten zu werden. Psychologen nennen das intrinsische, also aus dem eigenen Inneren kommende, Motivation. Die schlägt extrinsische, von außen kommende, Motivation wie Geld, Ruhm, Ehre oder auch Strafandrohung um Längen. Wenn du Mathe hasst, werden weder ein paar Euro für gute Noten noch Hausarrest bei schlechten Noten dich zum Mathegenie machen. Und wenn du Mathe liebst, wirst du den Gedanken absurd finden, durch Geldscheine oder Hausarrest zum Knobeln und Rechnen motiviert werden zu müssen. Für deine anderen Hobbys, ob Fußballspielen, Tortenbacken oder Modellbau, muss dich ja auch keiner bezahlen. Leider werden bei der Berufswahl von Eltern, Lehrerinnen oder Berufsberatern oft extrinsische Motivationen ins Feld geführt. Typische Ratschläge lauten: »Werde Beamter, dann bist du unkündbar!«. »Wirtschaftsingenieure (oder Lehrerinnen, Altenpfleger, Energieberaterinnen, Erzieher ...) werden immer gesucht – willst du das nicht machen?«. »Geh doch in die Pharmabranche, da verdienst du gutes Geld.« Das ist sicher gut gemeint, aber wenig hilfreich, denn ***die allerwichtigste Frage ist: Was interessiert dich wirklich? Wo bist du mit ganzem Herzen bei der Sache?*** Erst wenn diese Frage geklärt ist, sollten Ausbildungswege und Verdienstmöglichkeiten ins Spiel kommen.

Jeder Unternehmer kennt Krisen

Auch wenn seit den Nullerjahren vor allem Start-ups in der IT- und Internetszene Schlagzeilen machen, gibt es in allen Branchen Unternehmer, die mit ihrer Leidenschaft für bestimmte Produkte und Angebote reich geworden sind. Mir fällt zum Beispiel Titus Dittmann ein, der Ende der Siebzigerjahre in Münster den ersten kleinen Laden für Skater in Deutschland eröffnete – »Titus Rollsport«. Damals musste er Skateboards und Zubehör noch eigenhändig aus den USA mitbringen, weil er absolutes Neuland betrat. Heute ist die Titus GmbH europaweit führend in der Skaterszene, mit Boards, Streetwear, Veranstaltungen. Dabei war Titus Dittmann eigentlich Sportlehrer und hätte gemütlich auf seine Beamtenpension hinarbeiten können. Stattdessen stürzte er sich in die Selbstständigkeit.[16] Ein anderes Beispiel für leidenschaftliches Unternehmertum sind Anne und Stefan Lemcke, die 2013 mit Ankerkraut ein Gewürz-Unternehmen gründeten und Branchengrößen wie Fuchs und Ostmann mit ihren vielfältigen Gewürzmischungen und einem gelungenen Marketingkonzept so erfolgreich Paroli boten, dass sie heute nicht mehr arbeiten müssten. Sagen sie jedenfalls, und natürlich arbeiten sie trotzdem weiter. Auslöser für die Unternehmensgründung war Stefan Lemckes Begeisterung für Gewürze, die in seiner Kindheit in Afrika entstand. Im April 2022 übernahm der Lebensmittelgigant Nestlé die Mehrheit an dem Unternehmen, das inzwischen 230 Mitarbeiter und Mitarbeiterinnen hat.[17]

Wenn du die Geschichte solcher Unternehmer und Unternehmerinnen liest, stößt du immer auch auf Krisen – Fehlentscheidungen, Beinahe-Pleiten oder auch das Burn-out durch Überarbeitung. Nirgendwo geht es nur aufwärts, überall gibt es Durststrecken. Und kein Job der Welt macht jeden Tag des Jahres von morgens bis abends nur Spaß. Manchmal fühlt sich das Leben eher an, als wenn man gegen eine Mauer prallt. Sich da hochzuziehen, das ist mühsam und kann dauern. Genau dann kommt es darauf an, nicht vorschnell aufzugeben, sondern durchzuhalten, und zwar auch, wenn rechts und links des Weges vermeintlich einfachere Möglichkeiten lauern. Denn ***wenn du es erst einmal auf die Mauer geschafft hast, geht es auf der anderen Seite ganz leicht weiter.***

Sonderangebote des Lebens
Große Ziele statt einfacher Möglichkeiten

In seinem Buch *Glückskinder* beschreibt Hermann Scherer, wie Menschen den »Sonderangeboten des Lebens« auf den Leim gehen. Dabei geht es nicht nur um Kunden, die mit dem Auto lange Umwege in Kauf nehmen, um im Lebensmittelladen, den seine Eltern betrieben, Schokolade zum Sonderpreis zu kaufen.[18] Das ist ein schlechtes Geschäft, wenn man einen Euro Sprit verfährt, um am Ende 50 Cent zu sparen. Trotzdem fallen viele Menschen auf Schnäppchen herein. Ich wundere mich beispielsweise, wenn ich Sonntagabend für Sonntagabend lange Autoschlangen an der Tankstelle sehe, weil Benzin dann ein paar Cent billiger ist. Statt fürs Tanken eine Stunde zu investieren, um maximal drei Euro zu sparen, könnte man in derselben Zeit mit einem Nebenjob vielleicht das Fünffache verdienen. Oder ein Buch lesen, das einem verrät, wie man mittelfristig sein Einkommen verdoppelt. Oder diese Stunde mit seinen Kindern spielen. Drei Euro sollte einem das allemal wert sein!

Echte Chancen oder schale Sonderangebote?

Sonderangebote winken immer wieder und in allen Lebensbereichen rechts und links des Weges – vermeintlich günstige Gelegenheiten, die uns in Wahrheit von unseren eigentlichen Zielen ablenken. Leider ist es nicht immer so einfach wie bei der Schokolade oder beim Tanken, vermeintliche Sonderangebote von wirklich lohnenden Chancen zu trennen. Oft ist man erst hinterher schlauer, dass man doch besser auf dem alten Weg geblieben wäre. Eine gute Frage, die man sich stellen kann, um eine Chance von einem Sonderangebot zu trennen, lautet: ***Interessiert mich etwas, weil ich es wirklich spannend finde? Oder interessiert es mich nur, weil mein übriges Leben gerade mühsam und anstrengend ist?*** Anders gefragt: Würde ich Projekt B auch dann in Erwägung ziehen, wenn mein Hauptprojekt A gerade super liefe und mir Spaß machen würde?

Ein Beispiel: Als sich herumsprach, dass ich mich mit dem Internet inzwischen gut auskenne und mit Onlinemarketing Geld verdiene, hagelte es plötzlich von allen Seiten Kooperationsangebote. Viele in meinem Bekanntenkreis hatten auf einmal Geschäftsideen, bei denen ich unbedingt einsteigen sollte: »Du musst mir helfen! Das wird bestimmt super.« Auf Nachfrage stellte sich dann meistens heraus, dass außer einer vagen Idee noch nichts vorhanden war. Ich werde inzwischen grundsätzlich misstrauisch, wenn andere mich um Mitarbeit bitten, ohne bereits selbst vorher nennenswert Arbeit investiert zu haben. Meistens wird dann jemand gesucht, der den Karren erst einmal in Gang bringt. Und meistens muss der Gesuchte den Karren dann auch weiterhin alleine ziehen, während alle anderen nur mitfahren und mitverdienen und kluge Ratschläge geben. All die vermeintlich tollen Projekte anderer hätten mich zudem von meinem eigentlichen Ziel abgelenkt – dem Ziel, eine Firma aufzubauen, die expandiert und mit Onlinemarketing gutes Geld verdient. Ich hätte mich verzettelt. Trotzdem ist es manchmal verführerisch, etwas Neues zu starten, weil das Bestehende gerade ins Stocken geraten ist oder einfach nur nervt. Vielleicht verbirgt sich da ja doch eine Chance, die man nicht ungenutzt lassen sollte?

Der Preis der Ziellosigkeit: Die Verlockung von »Shiny Objects«

In den USA gibt es ein schönes Bild für dieses Dilemma: das Shiny-Object-Syndrom. Wer darunter leidet, jagt ständig neuen Trends und neuen Möglichkeiten hinterher und bringt am Ende gar nichts zustande. Meist sind solche Menschen schnell begeistert von etwas. Ebenso schnell erlahmt ihre Begeisterung aber auch wieder. Dauernd tauchen irgendwelche glänzenden Objekte am Spielfeldrand auf, die das aktuelle Projekt verblassen lassen und dazu führen, dass sie ihre Energie wieder auf etwas Neues richten. Was solchen Menschen fehlt, ist der Fokus, die volle Konzentration auf eine einzige wichtige Sache. Doch ***nur mit Fokus sind große Erfolge möglich.*** Paul Potts hat sich nur mit Operngesang beschäftigt, Titus Dittmann nur mit Skateboards, die Lemckes nur mit Gewürzen. Die Lemckes haben nicht gleichzeitig mit Marmelade experimentiert, Dittmann ist nicht auf die Idee gekommen, dass Surfbretter ja auch ganz spannend wären, und Potts hatte kein Interesse an Jazz-Musik.

Wer eine Schwäche für »glänzende Objekte« hat, bleibt nicht an einer Hauptsache dran. Ein Grund dafür ist häufig, dass dem Betroffenen im Grunde nicht klar ist, worin seine Hauptsache – sein eigentliches Ziel – besteht. In so einer Situation hilft es, einen Schritt zurückzutreten und sich zu fragen: »Was ist mein Hauptziel? Was will ich erreichen?« Meinetwegen auch: »Wo will ich in fünf Jahren sein?« Wenn du dir diese Fragen stellst und dich anschließend fragst: ***»Bringt mich dieses Angebot, diese Möglichkeit meinem Ziel wirklich näher?«,*** erkennst du meistens, ob es sich um eine mögliche Chance handelt oder nur um ein glänzendes Objekt. Sozusagen ein »Projekt-Sonderangebot«. Ich bin noch heute froh, dass ich mich nicht von meinem Weg im Onlinemarketing habe weglocken lassen. Und ich bin auch ein wenig stolz darauf, denn niemand ist dagegen gefeit, auf glänzende Objekte hereinzufallen. Gerade ist es mir wieder passiert. Ich bin aus einem Investmentfonds-Projekt ausgestiegen, das ich zusammen mit drei Partnern gestartet hatte. Anfangs klang das sehr vielversprechend. Leider stellte sich heraus, dass die Arbeitslast vor allem bei mir lag, während der Gewinn später durch vier geteilt werden sollte. Ich hatte mich von glänzenden Aussichten blenden lassen und zu spät bemerkt, dass das neue Business zu viel Energie aus meinem Hauptbusiness und aus meinem Familienleben abziehen würde. Ich habe die Notbremse gezogen, glücklicherweise.

Glänzende Objekte gibt es überall, im Job, im Privatleben, in der Ausbildung. Es gibt Bewerber, die nehme ich erst gar nicht in mein Exklusiv-Seminar, die Masterclass, auf, weil ich weiß, dass sie schon an drei oder vier anderen Kursen teilgenommen, aber nichts zu Ende gebracht haben. Das sind häufig dieselben, die auf allen möglichen Events, Seminaren, Konferenzen auftauchen, das dort erworbene Wissen aber nicht in die Praxis umsetzen. Und ich vermute, das sind auch die, die ein Buch nach dem anderen kaufen, weil der Titel spannend klingt. Zum Lesen kommen sie allerdings nie, weil schon das nächste spannende Buch lockt. Ich überlasse es deiner Fantasie, was das Shiny-Object-Syndrom bei der Partnersuche bedeutet ... Die meisten Menschen sind im Leben eben wie im Business.

Vereinbarung mit dir selbst und die Kraft der Vorstellung

Eine banale These des positiven Denkens lautet: »Alles, was du dir vorstellen kannst, das kannst du auch erreichen.« Das ist natürlich Bullshit. Ich kann mir noch so intensiv vorstellen, ich wäre Fußballprofi bei Borussia Dortmund – in meinem Alter und mit meinem kaputten Knie wird das nichts mehr. ***Fantasie allein reicht nicht.*** Genauso unsinnig ist die These der Positivdenker, man könne sein Unterbewusstsein auf Erfolg programmieren und dadurch Erfolge quasi herbeizaubern. Wunschdenken allein reicht auch nicht, man muss schon etwas tun, damit das Universum einem entgegenkommt. Trotzdem gibt es sie wirklich, die Kraft der Vorstellung.

Am Anfang schon das Ende sehen

Ich habe mir schon früh im Leben angewöhnt, mir klare Ziele zu setzen und mir die Situation an meinem Ziel ganz konkret vorzustellen. Dieses Zielbild, diese Visualisierung, gibt mir die Motivation, konsequent auf das Ziel hinzuarbeiten – eben das zu tun, was notwendig ist. Ein privates Beispiel: Aktuell übt mein Sohn zusammen mit anderen Kindern in der Kirche für seine Kommunionsfeier. Abwechselnd mit meiner Frau fahre ich ihn zum Kommunionsunterricht und schaue aus einer der hinteren Kirchenbänke zu, wie sich die Kleinen auf den großen Tag vorbereiten. Dabei stelle ich mir vor, wie es sein wird, wenn wir in der Familie seinen großen Tag feierlich begehen, wie wir zusammen mit den Großeltern und anderen Verwandten in der Kirche sind, wie wir hinterher schön essen gehen und alle zu Hause dann weiterfeiern. Darauf freue ich mich schon. Ich käme daher nie auf die Idee zu sagen: »Ich *muss* heute meinen Sohn noch zum Kommunionsunterricht bringen.« Ich mache das gern, weil es wichtig ist und weil wir ein schönes Ziel haben.

Im Beruf funktioniert das genauso. Nachdem ich meine zweite Firma, die Online-Agentur verkauft und etwas Atem geholt hatte, war mein klares Ziel: »Ich will einer der besten Coaches im Onlinebereich in der DACH-Region (also in Deutschland (D), Österreich (A) und der Schweiz (CH)) werden.« Auf dieses Ziel habe ich mich mir selbst gegenüber verpflichtet. Das war keine bloße Spinnerei, sondern sehr ernst gemeint. Manche Menschen schließen in solchen Fragen einen schriftlichen Vertrag mit sich selbst. Das ist eine ziemlich gute Idee, die auch du leicht umsetzen kannst. Dafür reichen wenige Sätze, die in meinem Fall hätten lauten können: »Bis zum 31.12.2018 bin ich einer der drei Top-Coaches im Onlinemarketing im gesamten deutschsprachigen Raum. Ich bin ein gefragter Experte und Berater zahlungskräftiger Kunden mit einem Jahresumsatz von mindestens einer Million Euro. Ich habe ein Fortbildungsprogramm entwickelt, das andere Unternehmer in die Lage versetzt, ihre Umsätze durch Onlinemarketing in kurzer Zeit erheblich zu steigern. Und ich habe mein Marketingwissen angewandt, um dieses Angebot sehr schnell bekannt zu machen.«

Ich empfehle dir, eine solche Vereinbarung nicht in irgendeiner Datei im Computer zu vergraben, sondern sie auszudrucken und wie einen richtigen Vertrag zu unterschreiben. Leg sie zu deinen übrigen wichtigen Unterlagen. Damit bekommt sie mehr Gewicht, und du kannst sie nicht so leicht verdrängen. Noch mehr emotionale Kraft bekommt dein Ziel, wenn du dir den Zielzustand bildlich vor Augen rufst. Ich habe mir vorgestellt, wie ich begeisterte Kunden berate, die durch meine Expertise plötzlich einen entscheidenden Schritt nach vorn machen. Wie ich als gefragter Experte und Redner über Fragen des Onlinemarketings referiere. Ich malte mir aus, wie in Wirtschaftszeitungen Berichte über mich erscheinen, wie ich irgendwann eine exklusive Mastermind-Gruppe gründe und nicht zuletzt, wie ich meine neue Firma besser mit meinem Privatleben verbinden kann und mehr Zeit mit meiner Frau und meinen Kindern verbringe. All das ist inzwischen eingetreten. ***Das gute Gefühl, das sich bei diesem Bild einstellte, gab mir die Energie, ins Handeln zu kommen.*** Deshalb lohnt es sich, am Anfang eines Vorhabens schon das Ende fest und ganz konkret im Blick zu haben! Daneben hat ein klares Zielbild noch einen zweiten wichtigen Effekt: Es lenkt deine Aufmerksamkeit auf Begegnungen, Vorbilder, Instrumente, die dir dabei helfen, dieses Ziel auch zu erreichen.

Klare Ziele schaffen Möglichkeiten

Psychologen betonen, wie begrenzt unsere Wahrnehmung ist. Wir nehmen in jedem Moment unseres Lebens nur einen kleinen Bruchteil der Signale wahr, die auf uns einströmen. Wenn du beispielsweise in einem Café sitzt und spontan die Augen schließt, wirst du vielleicht sagen können, was auf dem Tisch vor dir steht und ob dich ein Mann oder eine Frau bedient hat. Aber welche Farbe hat die Tapete? Wie sieht der Teppich aus? Wie viele Leute sitzen im Raum? Was hat die Bedienung an? Trägt sie eine Uhr? Welche Farbe hat der Pullover des Mannes, der rechts vom Eingang sitzt? Stehen Pflanzen vor den Fenstern? Was für welche? Und so weiter. Auf Hunderte von Fragen hättest du keine Antwort, weil du diese Details nicht bewusst wahrgenommen hast. Anders sieht es allerdings aus, wenn du Uhren sammelst und die Bedienung ein auffälliges Exemplar am Arm trug. Dann erinnerst du dich wahrscheinlich sogar an die Uhrenmarke. Oder wenn du Pflanzenliebhaber bist und vor dem Café-Fenster ein besonders schönes Exemplar der *Monstera deliciosa variegata* steht. Was für die meisten nur irgendwelches Grünzeug ist, fällt dir dann todsicher ins Auge.

Du nimmst vor allem das wahr, was dich interessiert. Alles andere blendet dein Gehirn unbewusst aus, sonst wäre es hoffnungslos überlastet – deine mentale Festplatte würde abstürzen. Deine Aufmerksamkeit wird also stark von deinen Interessen gesteuert. Aus diesem Grund funktioniert ein attraktives berufliches Zielbild wie ein Navigationsgerät im Dschungel der Alltagsinformationen. Sobald du weißt, wo du hinmöchtest, fallen dir interessante Kooperationspartner auf. Du registrierst nützliche Informationen und wirst aufmerksam auf einschlägige Artikel, Bücher oder Veranstaltungen und vieles mehr, was dir weiterhelfen könnte. Ohne ein konkretes Ziel würdest du solche Infos schlicht übersehen. Dieses Phänomen ist allgegenwärtig. Schwangere sehen plötzlich überall andere Schwangere. Wer sich seit kurzem für eine bestimmte Automarke interessiert, nimmt plötzlich überall Wagen dieses Typs wahr. Und wer sein geschäftliches Ziel vor Augen hat, registriert unweigerlich immer wieder Dinge, die ihm auf seinen Weg dorthin weiterhelfen könnten. Die waren vorher auch schon da, aber sie fielen durchs Wahrnehmungsraster.

Je ehrgeiziger dein Ziel ist, desto größer werden deine Vorbilder sein und desto ambitionierter werden die Möglichkeiten sein, die du wahrnimmst. Das steckt hinter dem oft erteilten Ratschlag, man solle groß denken. Hätte ich mir ausgemalt, die Nummer 1 im Coaching im Onlinemarketing in Dortmund zu werden, hätte dies meinen Blick und mein Verhalten in anderer Weise gesteuert als das weit größere Ziel, die Nummer 1 in der DACH-Region zu werden. Ich hätte mich mit anderen Menschen verglichen und mich für deren Strategien interessiert, andere Veranstaltungen besucht, mein Business anders aufgestellt. Wer größer denkt, handelt auch anders. Das ist des Rätsels Lösung, solltest du manchmal erstaunt sein, auf welchem hohen Level jemand spielt, der auch nicht viel schlauer wirkt als du selbst. Was hat der, was andere nicht haben? In den meisten Fällen hat er einfach ein klares und ehrgeiziges Ziel, das er energisch (eben zielstrebig) verfolgt und das seinen Blick für das geschärft hat, was konkret zu tun ist. Jedes große Ziel lässt sich in Etappenziele zerlegen, und diese kleineren Ziele lassen sich dann in konkretes Handeln übersetzen. Um bis zum Zeitpunkt X der Marktführer im Bereich Y zu werden, müssen zu eindeutig definierten Terminen die Website stehen, Vertriebswege etabliert sein, Marketingmaßnahmen aufgesetzt sein und Produktpakete geschnürt sein.

Mir genügt es, mir ein Ziel vor meinem inneren Auge auszumalen. Ich visualisiere sehr lebhaft und sehe mich mit vielen Details und in Farbe an meinem Ziel angekommen. Ich spüre, wie ich mich fühlen werde. Ich sehe, von welchen Menschen ich umgeben bin. So habe ich mich zum Beispiel als Nummer-1-Experten im Onlinemarketing in einem tollen Büro in erster Adresse und in einer attraktiven Umgebung gesehen. Und wie vieles andere ist auch das eingetreten. Meine Mitarbeiter und Mitarbeiterinnen sind genauso stolz wie ich, in der Hafenpromenade 1 in Dortmund zu arbeiten. Mehr geht in Dortmund nicht! Wenn du anfängst, mit Visualisierungen zu arbeiten, kannst du deine Vorstellungskraft auch durch eine selbst gebastelte Zielcollage unterstützen. Dazu wird im Coaching oft geraten, und dieser Rat bewährt sich tatsächlich. Schnapp dir also ein paar Magazine mit vielen Fotos und einen großen Bogen Papier (meinetwegen von der Packpapier-Rolle, aber mindestens DIN-A3-Format). Klebe Bilder, die dein Ziel zeigen, auf diesen Bogen und häng deine Zielcollage dort auf, wo du sie immer vor Augen hast, zum Beispiel über deinen Schreibtisch. Ergänze dein Zielbild, sobald dir weitere Details klar werden. Ein Blick darauf gibt dir die Kraft zum Weitermachen, wenn du mal einen Durchhänger hast. Und denk daran: Ziele ohne fest definierte Deadline bleiben nur Wünsche.

Der Fluch der »Aufschieberitis«

Wenn-dann-Denken löschen

Kennst du den Witz von dem Schild in der Kneipe, auf dem steht »Morgen gibt's Freibier«? Da das Versprechen immer nur für morgen gilt, muss es nie eingelöst werden. So ähnlich ist es bei vielen Menschen mit ihren Vorsätzen für Karriere, Business oder auch für alle privaten Vorhaben, die eine gewisse Anstrengung erfordern. Wir sind Meister der Selbstüberlistung.

Selbstsabotage nach dem Wenn-dann-Muster

Vielleicht kennst du solche Überlegungen:

- »Wenn ich den IHK-Kurs besucht habe, mache ich mich selbstständig.«
- »Wenn meine Website fertig ist, fange ich an mit Kundenakquise.«
- »Wenn ich ein paar Bücher zum Thema gelesen habe, gehe ich ins Mentoring-Programm.«

Oder auch, ganz banal,

- »Wenn das Wetter wärmer wird, streiche ich die Küche.«

Das Problem: ***Dein innerer Schweinehund ist ein wahrer Meister darin, ständig neue »Wenn« zu erfinden.*** Es gibt immer noch ein Buch, das man lesen könnte, noch einen Kurs, der belegt werden will. Wenn die Website fertig ist, fehlt es an Visitenkarten, ohne die man angeblich nicht auf Kundenfang gehen kann. Und das Wetter mag sich zwar gebessert haben, aber so kurz vor der Geburtstagsparty will man die Küche nun wirklich nicht streichen. »Wer etwas will, findet Wege. Wer etwas nicht will, findet Gründe«, sagt ein Sprichwort. Mal wird es dem Dalai Lama zugeschrieben, mal dem Dichter Albert Camus, dann wieder dem dm-Gründer Götz Werner. Doch egal, wer es wirklich gesagt hat: Es trifft den Nagel auf den Kopf. Irgendwas ist immer, um Aufgaben, die unbequem sind oder vor denen man sich fürchtet, weiter hinauszuschieben. ***Wenn du überlegst, wann der richtige Zeitpunkt für etwas ist, gibt es meistens eine kurze Antwort: Genau jetzt!***

Mit Anfang 20, ohne Geld, zu Beginn der Ausbildung eine Internetfirma zu gründen – war das der beste Zeitpunkt? Nüchtern betrachtet sicher nicht. Aber den einen besten Zeitpunkt gibt es ohnehin nicht. Ich war fit genug, mit diversen Nebenjobs Geld zu verdienen. Ich schaffte es, nachts Brötchenrohlinge auszufahren, morgens in die Uni zu gehen und spätnachmittags an meinem Unternehmen zu arbeiten, wenn auch nur mit einem rekordverdächtigen Kaffeekonsum. Doch ich brannte für das Thema. Der Markt war da. Also habe ich losgelegt. Würden alle immer auf den besten Zeitpunkt warten, wäre die Menschheit schon ausgestorben, weil es auch fürs Kinderkriegen nie den richtigen Moment gibt. Würden alle Gründer abwarten, bis ihnen das Arbeitsamt Kurse bezahlt oder die Industrie- und Handelskammer das nötige Grundwissen bescheinigt, wären die meisten Erfolgsgeschichten nie geschrieben worden.

Erfolgsfaktor Umsetzungsgeschwindigkeit

In meiner Masterclass führen wir Buch darüber, wer wann wie viel Erfolg mit den vermittelten Onlinemarketingmaßnahmen hat. Das Ergebnis: Am erfolgreichsten sind die Teilnehmer, die direkt mit der Umsetzung anfangen, also schon während des Kurses aktiv werden. Statistisch gesehen sind das rund 23 Pro-

Eine Zeit lang einer meiner Nebenjobs: Model

zent. Im Schnitt brauchen diese Teilnehmer nur 40 Tage, also rund anderthalb Monate, um Mehrumsätze im fünfstelligen Bereich zu erzielen. Auch im weiteren Verlauf sind die Schnellstarter deutlich erfolgreicher als diejenigen, die es langsam angehen lassen. Das ist wenig verwunderlich, denn je eher man ins Handeln kommt, desto mehr lernt man dazu und desto effektiver kann man seine Maßnahmen planen und auf das Business zuschneiden. ***Solange du grübelst und Dinge hinausschiebst, trittst du auf der Stelle.*** Und wenn du so gestrickt bist wie die allermeisten Menschen, kommen dir beim Grübeln vor allem Hindernisse und Gefahren in den Sinn, nicht mögliche Chancen. So wirst du immer zaghafter und zögerlicher, und es fällt dir immer schwerer, dein Projekt zu starten. Wenn du dagegen konkrete Schritte unternimmst, stellst du fest, was geht und was nicht. Du bekommst Feedback und hast erste Erfolgserlebnisse, die dich zum Weitermachen motivieren. Und dabei zählen auch kleine Schritte!

Oft wird in diesem Zusammenhang eine Harvard-Studie zitiert, die den beschriebenen Effekt angeblich bei »1000 US-Unternehmern« nachgewiesen hat. Leider lässt sich hierzu keine Originalquelle der Harvard University finden, sodass ich vermute, es handelt sich dabei um einen der vielen Fakes im Netz, bei denen einer etwas in die Welt gesetzt hat und alle anderen das ungeprüft abschreiben. Verlassen wir uns lieber auf eigene Erfahrungswerte, wie etwa im Fall der von uns erhobenen Daten zum Lernerfolg der Teilnehmerinnen und Teilnehmer meiner Masterclass. Oder sieh dich in deinem Bekanntenkreis um. Da gibt es vermutlich Leute, die seit gefühlt 100 Jahren den Job wechseln, eine Firma gründen oder auch nur surfen lernen wollen und es nie angehen. Und andere, die das einfach machen.

Ins Handeln kommen

Was kann dir helfen, ins Handeln zu kommen? Neben einem motivierenden Zielbild (siehe oben) braucht es feste Termine. ***Erst ein eindeutiges Datum macht aus einem Traum ein Ziel.*** Weitere Tipps:

- Leg erste Schritte fest, und setze dir Termine dazu. Mach deinen Terminplan am besten schriftlich.
- Manchmal hilft es, anderen von seinen Deadlines zu erzählen – am besten solchen Kontakten, bei denen es dir peinlich wäre, wenn du zugeben müsstest, mal wieder »nicht dazu gekommen« zu sein.
- Such dir Verbündete: Tausche dich regelmäßig mit jemandem aus, der dich versteht und dich anspornt. Alternativ: Begib dich auf die Suche nach einem in deinem Business erfahrenen Mentor. Der bringt dich oft schneller voran als ein Coach ohne einschlägige Branchenerfahrung. (Mehr dazu im Kapitel »Erfolgsjahre«.)
- Kill deine Ausreden. Das sind vor allem die »Ja, aber«-Sätze, die dein innerer Schweinehund aus dem Effeff beherrscht: »Ja, aber mir fehlt das Geld«; »Ja, aber was ist, wenn es schiefgeht?« Denke in Lösungen statt in Hindernissen: »*Wie* verdiene ich das fehlende Geld?« »*Wie* verhindere ich, dass es schiefgeht?«
- Ein kleiner Schritt ist besser als gar nichts. Rede dir nicht ein, es lohne sich nicht, erste Aktivitäten zu starten, weil du mehr Zeit brauchst. Wenn du heute nur einen einzigen Anruf machst oder einen einzigen Kontakt knüpfst, ist das auf jeden Fall mehr als nichts.
- Blockiere dir feste Zeiten, in denen du an deinem Projekt arbeitest. Steh jeden Tag eine Stunde früher auf. Reserviere den Samstag dafür. Investiere eine Woche Urlaub ausschließlich in deinen zukünftigen Erfolg. Das sind natürlich nur Beispiele. Finde heraus, welche Arbeitsweise dir am besten liegt.

Mit diesen Maßnahmen verhinderst du, dass du in das große Loch fällst, das zwischen »Erst muss ich noch ..., dann starte ich« und »Jetzt ist es eh zu spät, hätte ich nur früher angefangen« liegt. ***Dein Startschuss ist HEUTE. Starte lieber unperfekt, als deine Chance zu verpassen!***

Behalte das Geld

Zukunftsorientiert investieren statt sinnlos verprassen

Mit 25 verließ ich mein Unternehmensgründungs-Kinderzimmer und zog von zu Hause aus. Mit 26 war ich völlig blank: totale Ebbe auf dem Konto und gerade noch einen Zehner im Portemonnaie. Was war passiert? Eine der von mir programmierten Nischenseiten floppte komplett. Die dort von einem Anbieter geschaltete Handy-Werbung sprach die falsche Zielgruppe an. 80 Prozent der geschlossenen Verträge wurden storniert, und ich musste bereits geflossene Provisionen zurückerstatten. Die nächsten Einnahmen waren zwar bereits in Sicht, aber eine Woche lebte ich von Toastbrot und Scheiblettenkäse. Auf keinen Fall wollte ich meine Eltern anpumpen, die sich ohnehin Sorgen machten, was aus dieser Internetgeschichte werden würde und ob ich mir nicht lieber eine Stelle in einer »richtigen« Firma suchen sollte.

Ein finanzielles Polster ist Gold wert

Was ich damals gelernt habe: Du brauchst immer einen finanziellen Puffer – ein Polster für unvorhergesehene Ereignisse. Ich bin regelmäßig erstaunt, wenn Jungunternehmer sich gleich einen teuren Dienstwagen zulegen und mit einem fetten BMW oder Audi Eindruck bei Kunden und Bekannten schinden wollen. Wichtiger als solche Statussymbole ist eine solide Finanzplanung, die verhindert, dass du ständig am Abgrund entlangtänzelst. Ein finanzielles Polster lässt dich ruhig schlafen, und es macht dich zudem erfolgreicher beim Verhandeln über Aufträge. Wenn du einen Auftrag nicht unbedingt brauchst, wirst du automatisch souveräner auftreten und bessere Konditionen für dich aushandeln können.

Lass dich von Statussymbolen anderer nicht blenden. Vor einiger Zeit war ich mit jemandem zum Business-Lunch verabredet. Als er sich setzte, fiel mir sofort seine Uhr ins Auge: ein besonders edles Stück, das im Laden locker 300 000 Euro kostet. Solche Chronometer gibt es tatsächlich, und weil ich selbst ein Faible für Uhren habe, kenne ich mich ein bisschen damit aus. Kurze Zeit später pumpte mich dieser Geschäftspartner um 10 000 Euro an. Jetzt frage ich mich, ob die superteure Uhr das Indiz für einen fast krankhaften Selbstdarstellungstrieb ist. Oder ob meine kluge Frau Recht hat und es sich bei dem guten Stück einfach um eine täuschend echte Fälschung handelt. Sei dir sicher: ***Die Welt ist voller Maßanzugträger und Porschefahrer, denen die Bank und das Finanzamt im Nacken sitzen.*** Und ja, ich habe selbst auch einen Porsche besessen. Gekauft habe ich den aber erst, als ich ihn komplett bezahlen konnte und dafür nicht in die Firmenkasse greifen musste. Menschen, die so großen Wert auf teure Statussymbole legen, dass sie sich dafür finanziell ruinieren, stabilisieren damit vermutlich ihren wackeligen Selbstwert. Andere können vielleicht einfach nicht rechnen. Aber das ist dann sowieso eine schlechte Voraussetzung fürs Unternehmertum.

Materieller Besitz wird krass überbewertet

Ende 2021 hat mich Corona voll erwischt. Vielleicht habe ich die ersten Krankheitssymptome zu lange ignoriert und meinen Körper hoffnungslos überfordert, indem ich einfach weiterarbeitete und sogar noch Sport machte. Am Ende bekam ich jedenfalls kaum noch Luft, musste ins Krankenhaus eingeliefert werden und war volle neun Wochen außer Gefecht gesetzt. Dass ich damals mit meiner Familie in Dubai lebte, machte es nicht einfacher. Ich war froh, dass wir kurz vor Weihnachten zurück nach Deutschland fliegen konnten, auch wenn dieser Flug für mich eine reine Strapaze war. Als ich es dann nach über zwei Monaten auf meinen Beinen wieder bis vor das Haus schaffte, um den Müll rauszubringen, hat mich das mehr gefreut als alle Siegerpokale, die ich als Jugendlicher gewann.

Als ich in Dubai im Krankenhaus lag und mich fragte, ob dies jetzt möglicherweise das Ende ist, habe ich keinen Gedanken an meinen Besitz, mein Geld oder die Statussymbole verschwendet, die ich im Laufe der Jahre angesammelt habe. Ich habe an meine Kinder gedacht, an meine Frau, meine Familie. An schöne Erlebnisse, die wir geteilt haben. ***Ich kenne niemanden, der auf seinem Grabstein Umsatzerfolge und Marktanteile verewigt sehen möchte.*** Am Ende sind es die Menschen, die wir lieben, die unserem Leben seinen Wert verleihen. Und es sind die besonderen Momente, an die wir uns zurückerinnern. Das können schöne Reisen sein – mit dem Campingbus genauso wie im Fünf-Sterne-Hotel – oder auch besondere Erfolgsmomente im Beruf. Es ist gut, wenn du das im Hinterkopf hast, wenn du anfängst, leeren Statussymbolen hinterherzujagen und dein Geld für Dinge auszugeben, die dich nur kurz glücklich machen.

Damit will ich nicht das alte Lied »Geld allein macht auch nicht glücklich« anstimmen. Das ist ein blöder Spruch, mit dem sich viele Menschen über Misserfolge hinwegtrösten und mangelnden Ehrgeiz rechtfertigen. Geld verleiht dir Freiheit und Unabhängigkeit. Mit Geld kannst du so leben, wie und wo du möchtest. ***Geld löst nicht alle Probleme, aber doch eine ganze Menge davon.*** Und wenn du manchmal unglücklich bist und einen schlechten Tag hast (und den hat jeder), ist es sicher angenehmer, diesen Tag in einer gut geheizten Wohnung zu verbringen als unter einer Brücke auf einem Pappkarton. Was auch bedeutet: Investiere dein Geld lieber in deine persönliche Unabhängigkeit und die Weiterentwicklung deines Business als in Statussymbole. Mit einer 300 000-Euro-Uhr herumzulaufen, während der Dispo schon überzogen ist und die Mitarbeiter und Mitarbeiterinnen vergeblich auf ihr Gehalt warten, ist einfach nur dumm.

Ideal: Wenn deine Ansprüche langsamer wachsen als dein Bankkonto

Hätte ich zu Beginn des Studiums unbedingt ausziehen und eine eigene Wohnung oder auch nur ein WG-Zimmer mieten wollen, hätte ich mein Business nicht so schnell starten können. Es war ohnehin schwer genug, mit Hilfsarbeiten wie Kohlrabi-Ernte, dem nächtlichen Ausfahren von Brötchenrohlingen oder dem Würzen von gefrorenem Dönerfleisch in der Fleischfabrik einige Tausend Euro zu verdienen und so das Honorar für einen erfahrenen Software-Programmierer zu verdienen. Ich bin dankbar, dass ich noch einige Jahre bei meinen Eltern wohnen durfte. Mein Bruder hielt sich glücklicherweise oft bei seiner Freundin auf, sodass ich unser ehemaliges Kinderzimmer dann für mich allein hatte.

Nach den ersten Erfolgen mit der Flirtseite investierte ich das verdiente Geld eher ins Business und in mein Wissen – in Seminare, Bücher, Weiterbildung – als in privaten Luxus. Ich leistete mir ein kleines Auto und holte meine Mutter gelegentlich von der Arbeit ab. Für den Sprit reichte das Geld. Ansonsten hinkte mein Lebensstandard meinen Einnahmen noch etliche Jahre hinterher. Auf diese Weise legte ich das Fundament für meine finanzielle Freiheit. Das klingt total konservativ, aber ***für Reichtum gibt es keine Zauberformel, die auf einen Schlag dein Konto füllt.*** Nicht ohne Grund verspricht eines der erfolgreichsten Bücher zum Reichwerden im Untertitel *Die erste Million in sieben Jahren.*[19] Wohlgemerkt: Jahre, nicht Wochen oder Monate!

Wie dick sollte dein finanzielles Polster sein? Eine sinnvolle, wenn auch ehrgeizige Zielmarke ist meiner Erfahrung nach,

MEIN ERSTES AUTO
HAM DP 997
HEUTE

privat ein halbes Jahr ohne Einnahmen auf dem gewohnten Level weiterleben zu können. Und auch deine Firma sollte ein halbes Jahr ohne nennenswerte Aufträge überstehen und alle laufenden Kosten decken können. Dieses Ziel erreichst du natürlich nicht in wenigen Monaten. Aber wer nach zehn Jahren im Business immer noch von der Hand in den Mund lebt und in die Insolvenz schlittert, sobald ein paar Wochen kein Geld hereinkommt, hat irgendetwas falsch gemacht. Die Sechs-Monats-Zielmarke ist ebenfalls nützlich, wenn du nicht Unternehmer, sondern Angestellter oder Angestellte bist. Wäre es nicht ein gutes Gefühl, wenn du jederzeit kündigen könntest, wenn dein Chef dich schikaniert? Und wenn du keine Angst haben müsstest, dass du bei Verlust deines Arbeitsplatzes sofort vor dem Nichts stehst?

Nicht das Diplom ist entscheidend, sondern deine Ideen

Eine Zeit lang war ich mit einer Frau zusammen, die ich heute als Weiterbildungsjunkie betrachte. Sie studierte, wechselte das Fach, machte einen Abschluss, begann ein zweites Studium. Nebenbei absolvierte sie Kurse und Seminare in allen möglichen Fächern von Soziologie bis »Selbstbewusster auftreten«. Zuerst beeindruckte mich ihr Wissensdurst. Nach einiger Zeit irritierte er mich, denn all das Wissen bekam niemals die Chance, sich in der Praxis zu bewähren. Den Dreh zum Berufseinstieg fand sie nicht. Wir haben uns aus den Augen verloren, doch in meiner Vorstellung flattert sie immer noch von Kurs zu Kurs und sammelt Zertifikate.

Ein Zeugnis ist keine Erfolgsgarantie

Versteh mich nicht falsch: Ich bin absolut dafür, zu lernen und eine gute Ausbildung zu machen. Ein Studienabbruch ist genauso wenig ein Erfolgsgarant wie eine endlose Semesterzahl oder die dritte Ausbildung, auch wenn die Liste prominenter Studienabbrecher beeindruckt: Neben Bill Gates, Steve Jobs oder Mark Zuckerberg haben beispielsweise Ex-Telekom-Chef René Obermann, Dell-Gründer Michael Dell, der Begründer der Evolutionstheorie Charles Darwin, die Künstlerin Yoko Ono oder auch die Gesellschafterin des Schaeffler-Konzerns Maria-Elisabeth Schaeffler nicht zu Ende studiert. So wenig eine Schwalbe den Sommer macht, so wenig garantiert ein BWL-Diplom den erfolgreichen Unternehmer. Sonst müssten BWL-Professoren reihenweise Firmen gründen und würden damit ein Vielfaches ihres Professorengehalts verdienen.

Dass Wissen Macht ist, stimmt nicht. Nur angewandtes Wissen ist Macht. Alles andere bleibt bloße Theorie. Hierzulande dominiert trotzdem die Überzeugung, dass du ein einschlägiges Diplom brauchst, um bestimmte Aufgaben erfüllen zu können. Arbeitgeber verlassen sich darauf. Eltern raten zu diesem Weg. Berufsberater können sich nichts anderes vorstellen. Und Ausbildungsgänge oder Seminarveranstalter werben mit diesem Versprechen. Doch ***der beste Lehrer ist das Leben selbst.*** Dieser Lehrer wird aber nur aktiv, wenn du in die Praxis eintauchst und Erfahrungen sammelst.

Wie du Erfahrungswissen sammelst

Als ich mein Online-Business startete, gab es in meiner Erinnerung noch keine »E-Commerce«-Ausbildungen. Im Rückblick habe ich auf vielfache Weise gelernt, wie erfolgreiches Onlinemarketing funktioniert. Alle diese Wege stehen auch dir offen, gleichgültig, in welchem Bereich du dich selbstständig machst oder eine Karriere anstrebst. Ich habe gelernt:

- ***Durch Videos und Kurse.***
  Das Internet ist voll von Lernangeboten kluger Leute, die bereits da sind, wo du hinwillst – Praktiker, die ihre Erfolgsgeheimnisse teilen.

- ***Durch Gespräche mit anderen Unternehmern und Unternehmerinnen***.
  Erfahrungsaustausch ist ein wichtiger Erfolgsmotor. Besonders wertvoll sind Impulse von echten Größen in deinem Business – oder auch in anderen Branchen, wo weniger die Gefahr der Betriebsblindheit herrscht. Das ist zum Beispiel

der Grundgedanke von »Mastermind-Gruppen«: Austausch auf Augenhöhe mit Menschen, die in verschiedenen Bereichen erfolgreich sind.

- ***Durch die Zusammenarbeit mit anderen.***
  Teilweise waren Geschäftspartner in bestimmten Bereichen besser als ich, dann konnte ich mir etwas abschauen. Andere waren weniger erfolgreich als ich, das half mir zu verstehen, was im Business nicht funktioniert.

- ***Durch Versuch und Irrtum.***
  Fehler sind besonders wirksame Lehrer – es sei denn, du gehörst zu denen, die beharrlich immer wieder denselben Fehler machen. Seit ich beispielsweise durch die Ansprache der falschen Zielgruppe reihenweise Vertragsstornierungen kassierte, bin ich in diesem Punkt besonders wachsam.

- ***Durch viele verschiedene Projekte im Verlauf der Jahre.***
  Meiner Meinung nach ist das bei weitem der wichtigste Weg, um im Business weiterzukommen: Beherzt handeln und selbst Erfahrungen sammeln!

Lernkurven kannst du abkürzen

Mein Weg war lang und nicht immer einfach. Du kannst ihn abkürzen und dir einige meiner Fehler ersparen, indem du in meinem Mentoring von meinem umfassenden Erfahrungswissen im Onlinemarketing profitierst. Das gilt übrigens für alle Bereiche im Business: ***Lerne von denen, die schon geschafft haben, was du erreichen willst.*** Nicht von denen, die die schickste Website haben und die dekorativsten Zertifikate drucken. Belegbare Erfolge sind die beste Werbung für eine Weiterbildung. Ich könnte mich kaputtlachen, wenn Menschen, die in ihrem Leben nicht einen Tag selbstständig waren, anderen erklären wollen, wie Unternehmertum funktioniert. Oder wenn Verkaufstrainings von Trainern durchgeführt werden, die ihr Wissen nur aus Büchern haben. Schwimmen lernt man durch Schwimmen, Radfahren, indem man sich auf ein Fahrrad setzt und losfährt. Niemand käme auf die Idee, einen VHS-Kurs in Trockenschwimmen zu besuchen oder sich erst einmal theoretisch mit der muskulären Ausführung des Fahrradfahrens zu beschäftigen. Ähnlich ist es beim Unternehmertum und auch beim Erfolg im Beruf ganz allgemein: ***Theorie allein nützt nichts. Machen bringt dich weiter,*** selbst nach dem besten Kurs der Welt.

Die Intelligenz des Unbewussten

Durch »Machen« sammelst du Erfahrungswissen und eichst dein Urteilsvermögen. Wenn du lange genug im Geschäft bist, kannst du Projekte immer besser einschätzen. Du erkennst Warnsignale, die dir zu Beginn deiner Tätigkeit niemals aufgefallen wären. Und manchmal hast du einfach ein ungutes oder gutes Gefühl, ohne exakt greifen zu können, warum. Dann meldet sich dein Bauchgefühl, das immer zuverlässiger wird, je besser du dich auf einem Gebiet auskennst – gewonnene Erfahrung, die du oft gar nicht in Worte fassen kannst, weil sie nicht die Schwelle bewusster, ausformulierter Gedanken überschreitet, sondern unbewusst bleibt. Dieses Bauchgefühl – die Intuition – wird längst auch von Psychologen ernst genommen und erforscht. Der Psychologie-Professor Gerd Gigerenzer hat ein viel beachtetes Buch über *Die Intelligenz des Unbewussten und die Macht der Intuition* geschrieben; so lautet der Untertitel seines Bestsellers *Bauchentscheidungen.*[20] Die Kernthese Gigerenzers ist: Wir Menschen fällen bei unzureichendem Informationsstand blitzschnell und weitgehend unbewusst intuitive Entscheidungen, die auf erworbenen Faustregeln und vertrauten Mustern beruhen. ***Das Gehirn nimmt quasi eine Abkürzung.*** Auf diese Weise sind wir fähig, in vielen Situationen auch dann die richtige Entscheidung zu treffen, wenn wir nicht alle Einflussfaktoren genau kennen. Dieser Mechanismus beginnt damit, dass wir einen Ball fangen können, ohne erst dessen Flugbahn und Geschwindigkeit berechnen zu müssen wie ein Roboter. Wir wissen »intuitiv«, wo er ungefähr landen wird, wenn wir den Werfer beobachten. Und dieser Mechanismus funktioniert auch, wenn wir mit einem Geschäftspartner verhandeln und zögern, einen Vertrag mit ihm zu unterschreiben. Theoretisch könnten wir jetzt unzählige Belege einfordern, einen Detektiv beauftragen, frühere Geschäftspartner nach ihren Erfahrungen fragen und vieles mehr, um nach wochenlanger mühsamer Recherche eine Entscheidung zu treffen. Das alles tun wir nicht, weil dafür weder Zeit noch Geld da ist, und wir brauchen es auch nicht. Aufgrund kleiner Indizien sind wir ziemlich sicher, dass diese Zusammenarbeit ein hohes Risiko birgt, und lassen es lieber sein. Das funktioniert aber nur mit entsprechender praktischer Vorerfahrung und oft auch erst, nachdem man Lehrgeld in Form einiger Fehlentscheidungen getroffen hat. Aus Erfahrung wird man tatsächlich klug, wie das Sprichwort sagt.

Das intuitive, implizite Wissen ist wichtiger für deinen Erfolg als theoretisches, explizites Wissen. Viele Ausbildungen vermitteln vor allem Theorie. Deswegen wird heute Wert auf Praxisphasen und Praktika gelegt. Und deswegen sind in meinen Fortbildungsprogrammen auch diejenigen am erfolgreichsten, die das Gelernte sofort praktisch anwenden und so weiter dazulernen – wozu ich ausdrücklich ermuntere und was ich als Mentor auch konkret begleite. Auch ich selbst sammele bis heute immer wieder wertvolles Erfahrungswissen. Zu den nützlichen Erkenntnissen, die ich im Laufe der Jahre gewonnen habe, gehört beispielsweise, dass es sich nicht rentiert, Ausnahmen von laufenden Prozessen zuzulassen, auch wenn der Auftrag, der das erfordert, noch so verlockend wirkt. Der Aufwand dafür frisst den erwarteten Gewinn meistens komplett auf, die Fehlerquote ist hoch und zusätzlich hat man jede Menge Scherereien. Eine andere Erkenntnis ist, immer den kürzesten Weg zu gehen und sich beispielsweise in der Kommunikation nicht auf ein Stille-Post-System mit zahlreichen Zwischenstationen einzulassen. Weitere Faustregeln fürs Business, die in keinem Lehrbuch stehen, kannst du im Kapitel »Erntejahre« nachlesen.

Natürlich ist die Intuition nicht zu 100 Prozent zuverlässig. Manchmal lässt sie uns auch im Stich, wie bei mir im Falle des geschilderten Aktienfonds-Projekts, bei dem ich die Notbremse ziehen musste. Allerdings sagen wir in solchen Fällen hinterher nicht selten: »Eigentlich hätte ich es wissen können!« Wir haben gegen unsere Intuition gehandelt. Und das wiederum beweist erneut die Macht des Bauchgefühls. Scheitern gehört im Übrigen zum Leben dazu wie die Dornen zur Rose und die Nacht zum Tag. ***Der Erfolg wäre nicht halb so schön, wenn es nicht auch Misserfolge gäbe.***

Die richtige Idee zum richtigen Zeitpunkt

Ideen sind wichtiger als Diplome, habe ich in der Überschrift zu diesem Abschnitt behauptet. Auch dafür möchte ich dir ein Beispiel geben. Als ich begann, mein Geld mit Affiliate-Marketing zu verdienen, stolperte ich eines Tages über eine abgelaufene Domain. Das Unternehmen dahinter hatte offensichtlich Insolvenz anmelden müssen. Deswegen stand die Webadresse zum Verkauf und konnte für wenige Euro bei der Denic (der Verwaltungsorganisation aller de-Domains) erworben werden. Der Gedanke lag nahe, solche Domains zu kaufen, um die Zugriffe darauf durch Verlinkung auf die Seite von Unternehmen zu lenken, von denen wir für die Vermittlung von Aufträgen Provision erhielten. Wenn also der Händler »Elektronik Mustermann« nicht mehr existiert, die Website www.elektronikmustermann.de aber noch Zugriffe verzeichnet, die sich automatisch auf die Websites großer Medienhändler umleiten lassen, verdient man durch diese Form des Affiliate-Marketings mit minimalem finanziellen Risiko Geld. Dabei macht es die Masse, durch die sich auch kleine Gewinne zu respektablen Mehreinnahmen summieren.

Heute gibt es diverse Plattformen und Dienstleister, die anbieten, ihren Kunden interessante Domains zu verschaffen. Wir waren quasi Vorreiter. Mit »wir« meine ich meinen Bruder und mich. Nachdem wir das Prinzip entdeckt hatten, wurden wir Denic-Mitglieder, wofür mein Bruder eine kurze Schulung absolvierte, um der Denic als eingetragener Genossenschaft beitreten zu dürfen. Anschließend schrieb er ein Programm, mit dem wir freiwerdende Domains im Moment des Auslaufens automatisch aufkauften. Deren Verlinkung zu passenden Kundenseiten bescherte uns Monat für Monat schöne Zusatzeinnahmen.

So etwas lernt man auf keiner Uni. Am Ende des Tages ist Ideenreichtum wichtiger als alle Diplomnoten. Einer gewissen Findigkeit verdanke ich es auch, dass ich am Ende meines Studiums das Startkapital für meine Onlinemarketing-Agentur Adzoom beisammenhatte. Das inzwischen einigermaßen erfolgreiche Flirtportal konnte ich für 25 000 D-Mark verkaufen. Da ich die Rechte für den Bau ähnlicher Seiten beim Verkauf behalten hatte und zudem weiterhin im Besitz des Quellcodes war, konnte ich mit überschaubarem Aufwand zwei weitere Flirtseiten bauen, die ich jeweils für 22 000 D-Mark verkaufte. Zusammen mit den vorherigen Einnahmen aus den verschiedenen Seiten verfügte ich damit über knapp 100 000 D-Mark und konnte daran gehen, eine »richtige« Firma aufzubauen. Wie diese Firma zum Marktführer in ihrem Bereich wurde und was ich dabei gelernt habe, erzähle ich dir im nächsten Kapitel. Was jedoch in jedem Business wichtig ist, wenn du wirklich Erfolg haben willst: Du muss verkaufen können.

Schlüsselqualifikation
Werde ein Verkaufstalent!

Stell dir vor, du bist der Beste in einem bestimmten Bereich, kannst aber nicht verkaufen. Dann wirst du zusehen müssen, wie weniger gute Leute rechts und links an dir vorbeiziehen, nur, weil sie ihr Angebot überzeugender darstellen als du. Die Fähigkeit, anderen Menschen etwas zu verkaufen, ist eine wichtige Voraussetzung für unternehmerischen Erfolg. Trotzdem höre ich oft: »Verkaufen liegt mir nicht«, »Dazu muss man geboren sein.« Das ist alles Unsinn. ***Jeder kann verkaufen.*** Wenn ich beobachte, welche Fähigkeiten mein neunjähriger Sohn entwickelt, um mir den Ausflug zur Kartbahn schmackhaft zu machen oder um mich zu überzeugen, dass er sich ohne das neue teure Borussia-Trikot in der Schule nicht mehr blicken lassen kann, dann hat sich das Märchen vom geborenen Verkäufer rasch erledigt. ***Alle Kinder bekommen das hin.*** Und wenn schon Grundschulkinder verkäuferische Fähigkeiten entwickeln, dann kannst du das auch.

Dein Verkaufstalent ist nur verschüttet

Offenbar geht die Lust am Verkaufen den meisten Menschen irgendwann verloren – jedenfalls dann, wenn es nicht gerade darum geht, seiner besseren Hälfte einen Neuwagenkauf oder den Kollegen und Kolleginnen die Mitarbeit an einem Projekt zu schmackhaft zu machen. Auch das ist Verkaufen! Im Grunde genommen kann man das ganze Leben als ein Verkaufsgespräch sehen, in dem man für seine Interessen wirbt. Verkaufen im engeren Sinne jedoch ist vielen Menschen peinlich. Nicht wenige würden lieber putzen gehen, als andere von einem Verkaufsangebot überzeugen zu müssen. Das ist sogar empirisch belegt: Bei einer Umfrage 2019 wurden 1 000 Personen nach dem Beruf gefragt, den sie auf keinen Fall ausüben wollten. Auf Platz 1 landete (wie schon in vielen ähnlichen Befragungen zuvor) unangefochten ein Job: Versicherungsvertreter. Der Straßenkehrer belegte Platz 4 der unbeliebtesten Berufe, die Reinigungskraft Platz 7.[21] Das ist schon deswegen erstaunlich, weil unser gesamter Wohlstand im Wesentlichen auf dem Verkauf von Waren und Dienstleistungen beruht und Kaufen und Verkaufen in unserem Alltag eine große Rolle spielen. Kinder haben das schnell durchschaut; und weil sie die Erwachsenen gerne nachahmen, spielen sie mit Begeisterung Kaufladen. Ich vermute, später werden sie von negativen Haltungen in ihrem Umfeld beeinflusst und kommen so zu dem Schluss, dass Verkaufen nichts für sie ist.

Wie du schon weißt, habe ich nie Berührungsängste zum Verkaufen gehabt. Schon mein Großvater lehrte mich, ***dass ein erfolgreicher Verkäufer ein besseres Leben haben kann als seine Nachbarn.*** Als Kind besserte ich mein karges Taschengeld auf dem Flohmarkt, durch Fahrradreparaturen und andere Dienstleistungen (wie Drachenbauen und vieles mehr) auf. Heute freue ich mich, wenn ich Kinder sehe, die einen kleinen Verkaufsstand vor dem Gartentor aufgebaut haben und altes Spielzeug oder Selbstgebasteltes verkaufen wollen. Es besteht noch Hoffnung, dass die Verkäufer nicht aussterben! Ich selbst hatte das Glück, meine verkäuferischen Fähigkeiten schon während meiner Abi-Zeit im Schnelldurchlauf auszubauen: durch einen Nebenjob im Network-Marketing.

Für alle, die mit dem Begriff Network-Marketing nichts anfangen können: Bekannt ist diese Verkaufsmethode auch unter den Bezeichnungen Strukturvertrieb oder Multilevel-Marketing. Dabei werden Produkte, zum Beispiel Kosmetika oder Nahrungsergänzungsmittel, unmittelbar an Endkunden verkauft. Diese Produkte sind ausschließlich im Direktvertrieb, also nicht im Laden oder anderswo, zu haben. Der Verkäufer oder die Verkäuferin erhält vom Hersteller eine Provision für jedes verkaufte Produkt. Viele der Verkäufer starten, indem sie Familie, Freunde oder Bekannte von ihrem Angebot zu überzeugen versuchen. Finanziell interessant wird das Modell vor allem, wenn man weitere Verkäufer anwirbt, weil man an deren Verkäufen ebenfalls mit einer Provision beteiligt ist. So entsteht nach und nach eine Pyramide oder Verkaufsstruktur, bei der auf den oberen Ebenen (Levels) zum Teil beträchtliche Summen verdient werden.

Für Menschen, denen Verkaufen ohnehin suspekt ist, ist Multi-Level- oder Network-Marketing wegen seiner offensiven Verkaufsmethoden ein rotes Tuch, quasi der Teufel selbst. Nüchtern betrachtet hat das System Vor- und Nachteile. Natürlich gibt es Strukturvertriebe, die Anfänger mit überzogenen Erfolgsaussichten ködern. Die Produkte sind eher hochpreisig, da die Provisionen erwirtschaftet werden müssen. Allerdings fallen dafür die Handelsspannen weg, von denen bei herkömmlich verkauften Produkten die Zwischenhändler leben, denn auch, wenn du im Laden etwas kaufst, verdienen mehrere daran mit. Einerseits tragen schlechte Verkäufer, die Freunde und Familienangehörige penetrant unter Druck setzen, ihnen doch bitte etwas abzunehmen, nicht gerade zum positiven Image des Network-Marketings bei. Andererseits ist Multilevel-Marketing eine super Schule, um seine verkäuferischen Fähigkeiten zu testen und auszubauen. Wie ich selbst dazu kam, habe ich schon erwähnt: durch einen Klassenkameraden, der plötzlich nicht mehr knapp bei Kasse war, sondern sich einen tollen Gebrauchtwagen leisten konnte. Ich fragte ihn, wie er das geschafft hatte, und war sofort Feuer und Flamme, als er mir erzählte, er verkaufe nebenbei im Bereich »Health & Beauty«. Mit solchen Produkten konnte ich was anfangen, denn ein gepflegtes Äußeres war mir schon damals wichtig. Habe ich eigentlich schon erzählt, dass ich mit Anfang 20 sogar mal gemodelt habe und Möbelkataloge, andere Werbeprospekte und Kalender zierte? Jedenfalls waren Kosmetika keine fremde Welt für mich, und eine gewisse Identifikation mit dem eigenen Verkaufsangebot sollte man schon mitbringen. Keiner kauft einem rustikalen Waldschrat mit dezenter Schweißnote Schönheitsprodukte ab.

In den folgenden anderthalb Jahren habe ich rund 1200 Menschen angesprochen und über 200 von ihnen als Verkäufer gewonnen. ***In keinem anderen Job kann man in so kurzer Zeit so viel über Vertrieb lernen.*** Es beginnt damit, dass man als Anfänger Verkaufsschulungen bekommt, in denen vermittelt wird, wie man ein Verkaufsgespräch führt, wie man auftritt, welche Fragen man stellen sollte. Häufig werden einem dabei Standardformulierungen beigebracht – »Du siehst aus, als ob du dich für gutes Aussehen interessierst!« und Ähnliches. Das ist für Neulinge hilfreich, aber mit Standardsätzen kommt man auf Dauer nicht wirklich weit, weil viele Menschen ein gutes Gespür dafür haben, ob sie individuell angesprochen werden oder stur nach Verkaufsleitfaden. Mir war ziemlich schnell klar, dass ich neben dem Pflichtprogramm auch die Kür beherrschen wollte. Also las ich Bücher über Verkaufspsychologie und schaute mir Videos an. Autoren, von denen ich profitiert habe, waren zum Beispiel Brian Tracy *(The Psychology of Selling)*, David Ogilvy *(Ogilvy on Advertising)*, Joe Girard *(How to Sell Anything to Anybody)* und Eugene Schwartz *(Breakthrough Advertising* und alles, was danach kam, bis heute). Verfügbare deutsche Ausgaben findest du in den Anmerkungen.[22]

Aus guten Büchern kann man viel mitnehmen. Die beste Schule war aber wieder einmal die Praxis. Ich folgte anfangs buchstabengetreu dem Rat der Ausbilder und legte eine lange Liste möglicher Kunden und Sub-Verkäufer an. Ich klapperte in der Startphase jeden ab, der mir einfiel, und das waren viele, denn ich kannte Hinz und Kunz und auch noch die Nachbarn von Hinz und die Freunde von Kunz. Die Herausforderung für mich: Als Jugendlicher war ich es gewohnt gewesen, nach meinem Angebot gefragt zu werden: »Kannst du mal … (nach meiner Fahrradbremse schauen/einen Drachen bauen/Mathe erklären)?« Jetzt musste ich andere aktiv ansprechen und für mich gewinnen. Anfangs lief ich ihnen hinterher wie ein Hund dem Wurstverkäufer. Dabei habe ich mich bestimmt nicht immer geschickt angestellt, und manches Gespräch wäre mir heute peinlich. Doch ***wenn du etwas wieder und wieder machst, verläuft deine Lernkurve ziemlich steil.*** Ich lernte, wie ich überzeugend auftrete, wie ich mit Kunden und potenziellen Weiterverkäufern reden musste und wie ich Gespräche zu einem Verkaufsabschluss bringen konnte.

Dass Menschen zuerst den Verkäufer und erst dann das Produkt kaufen, ist eine alte Vertriebsweisheit, die ich nun am eigenen Leib erfuhr. ***Niemand kauft bei dir, wenn er dich unsympathisch oder wenig vertrauenerweckend findet.*** Deswegen sagen wir ja auch: »Das kaufe ich dir nicht ab«, wenn uns jemand Märchen erzählt. Spitzenverkäufer sind souveräne Persönlichkeiten, die andere in ihren Bann ziehen können. Sie haben ein Gespür für Menschen und sprechen ihr Gegenüber so an, wie es zur jeweiligen Person passt. So lernte ich in diesen Monaten vor allem, andere Menschen einzuschätzen. Wer wäre für das Produkt empfänglich? Wer angezogen war wie ein Holzfäller, hätte vermutlich wenig Interesse an Cremes und Lotionen. Vor allen Dingen aber: Wer wäre überhaupt interessiert an der Möglichkeit, nebenberuflich Geld zu verdienen? Denn mir war klar, dass es weit lukrativer war, andere als Verkäufer zu gewinnen, als ihnen nur ein paar Produkte zu verkaufen.

Ich machte die Erfahrung, dass vielen Menschen ihre Freizeit oder auch nur ihre Bequemlichkeit wichtiger war als ein Nebenverdienst. Ich konnte andere immer besser beurteilen. Ich hörte auf, ergebnislose lange Gespräche zu führen und konzentrierte mich auf vielversprechende Kontakte. Ich entwickelte Routine und traf bei den meisten bald den richtigen Ton. So fragte ich an einem windigen Regentag den Tankwart, der ein möglicher Kandidat zu sein schien, an der Zapfsäule einfach: »Hast du nicht mal Lust, im Trockenen Geld zu verdienen?« Oder wenn ich sah, dass im Supermarkt eine junge Aushilfe ziemlich flott Regale einräumte, nahm ich das als Aufhänger für den Einstieg ins Gespräch: »Ich brauche neue Mitarbeiter. Ich sehe, du bist fleißig. Könntest du dir vorstellen, im Verkauf zu arbeiten?«

Verkaufserfolg = Empathie + Strategie

Ob Bäcker, Taxifahrerin oder Fitnesstrainer, bald hatte ich ein geübtes Auge dafür, wer als Verkäufer infrage kam. Ich lernte aber auch, wie viele Blender es gibt – Menschen, die alles super finden, sofort anfangen wollen, und dann nichts auf die Reihe bekommen. Ich lernte, dass Frauen häufig sehr gut verkaufen, weil sie empathischer sind und besser auf andere eingehen, während Männer im Schnitt mehr Energie in den Aufbau der Struktur investieren und auf diese Weise unterm Strich oft mehr verdienen. Dadurch wurde mir bewusst, ***dass es im Verkauf beides braucht: Empathie und Strategie, Menschenkenntnis und gute Organisation.*** Ich lernte auch, wann es sinnlos ist, ein Gespräch fortzusetzen, und dass es nichts bringt, sich auch noch am dritten, vierten, fünften »Ja, aber« des Gegenübers weiter ins Zeug zu legen. Viele Menschen scheuen sich einfach, Nein zu sagen. Sie suchen dann stattdessen immer noch ein weiteres Haar in der Suppe, bis das Gegenüber erschöpft aufgibt. Diese Erschöpfung kann man sich ersparen.

Durch den Aufbau eines eigenen Netzwerks und die Zusammenarbeit mit meinen Verkäufern sammelte ich zudem erstmals Führungserfahrung. Ich gewöhnte mich daran, anderen vorauszugehen und sie für meine Ziele zu gewinnen. Ich entwickelte ein Gespür dafür, mit was für Menschen man ein Vorhaben gemeinsam voranbringen kann und wen man mühsam zum Jagen tragen muss. ***Gute Mitstreiter denken erfolgsorientiert, sind im Kopf gut sortiert und stellen klare Fragen.*** Menschen, die permanent auf der Bremse stehen, kapieren häufig nicht, worauf es eigentlich ankommt und problematisieren Nebensächlichkeiten. Ihre Abschlussfrage lautet meist: »Und wo ist der Haken?« Dabei ist es eigentlich egal, um welches Geschäftsmodell es sich handelt. Ich habe mir inzwischen angewöhnt, auf diese Frage ganz unverblümt zu antworten: »Der Haken bist du!«

Meine Erfolge im Network-Marketing waren aus heutiger Sicht guter Durchschnitt. Ich zählte nicht zu den Star-Verkäufern. Dafür hätte ich länger am Ball bleiben müssen. Nach circa 18 Monaten stieg ich aus und investierte meine Energie ins Internet. Trotzdem bin ich bis heute froh über diesen Crash-Kurs im Verkaufen und bereue nichts. Wenn sich dir die Gelegenheit bietet, in einem Strukturvertrieb Erfahrungen zu sammeln, dann greif zu. *If you can make it there, you'll make it anywhere!* Wie ich das in meinem ersten größeren Unternehmen umsetzte, liest du im nächsten Kapitel.

ERFOLGSJAHRE

AUCH EIN GOLDENES HAMSTERRAD BLEIBT EINE TRETMÜHLE

»Wenn man immer gewinnt, stellt man sich keine Fragen, auch nicht die wichtigen.«

Roger Federer

Auf Erfolgskurs
Vom Solo-Unternehmer zum Geschäftsmann

Als meine erste kommerzielle Website, das Flirtportal, nach etwa anderthalb Jahren endlich lief und zunächst ein paar Hundert, später einige Tausend Euro monatlich abwarf, war das für mich wie eine Befreiung. Ich hatte mich in das Thema »Geld verdienen im Netz« förmlich verbissen. Jetzt hatte ich die Bestätigung, dass das auch hierzulande funktioniert. Mein Erfolg sprach sich herum, und mit der Zeit wurde ich immer häufiger von anderen beim Aufbau ihrer Seiten um Hilfe gebeten. Mehr und mehr fand ich mich in der Rolle eines Dienstleisters wieder, bis ich das zu meinem Hauptbusiness machte. 2004 gründete ich mit Adzoom eine der ersten Agenturen für Onlinemarketing. Im Rückblick scheint das nur folgerichtig. Doch wenn man mittendrin steckt, ist einem das nicht unbedingt so klar.

Vorwärts leben, rückwärts verstehen

Ich interessiere mich nicht besonders für Philosophie. Doch ein Zitat des dänischen Philosophen Søren Kierkegaard hat sich mir ins Gedächtnis gebrannt: »Das Leben wird vorwärts gelebt und rückwärts verstanden.« ***Ich bin nicht in die Welt des Internets gestartet, mit dem Plan, Experte für Onlinemarketing zu werden.*** Erst im Nachhinein war das die logische Konsequenz aller Erfahrungen, die ich bis dahin gesammelt hatte. In der Rückschau erwies sich vieles als nützlich, von dem ich das im Moment des Tuns noch gar nicht wusste:

Meine Kindheitserfahrung, dass ich mich nicht mit Geldmangel abfinden muss, sondern selbst etwas verdienen kann. Meine zahlreichen Nebenjobs als Jugendlicher und Student, bei denen mich keine Branche schreckte, von der Großmetzgerei bis zum Modeln für Kataloge, von der Baumschule bis zum Strukturvertrieb für Kosmetik. Meine aus der Not geborene intensive Recherche, wie man online Geld verdient; als mein Software-Entwickler ausstieg, ohne ein Bezahlsystem auf meiner Website programmiert zu haben. Das verkäuferische Know-how, das ich durch nebenberufliches Network-Marketing erwarb.

Apple-Gründer Steve Jobs meinte vermutlich etwas Ähnliches wie Kierkegaard, als er davon sprach, es gehe im Leben darum, irgendwann die Einzelpunkte zu verbinden (»connecting the dots«). Er erklärt das in seiner berühmten Rede vor Stanford-Absolventen am Beispiel eines Kalligrafie-Kurses, den er nach seinem Studienabbruch am College belegte und der ihn später dazu veranlasste, den Macintosh-PC mit eleganten Schriften auszustatten. Für alle unter 40: Früher gab es nur einen einzigen, ziemlich hässlichen Schreibmaschinen-Schrifttyp für Computer. Erst mit dem Mac, der Kult wurde, änderte sich das. Jobs sagt im Nachhinein dazu: »Man sieht keine Verbindung zwischen den Punkten, wenn man nach vorn schaut. Man kann sie nur verbinden, wenn man zurückblickt. Man muss sich also einfach darauf verlassen, dass diese einzelnen Punkte sich in der Zukunft irgendwie verbinden werden. Man muss in etwas vertrauen – das Bauchgefühl, Schicksal, Leben, Karma, was auch immer. Dieser Ansatz hat mich nie enttäuscht und er hat mein Leben geprägt.«[23]

Ein Leben kann man nicht vorausberechnen wie die Flugbahn eines Satelliten oder das Haltbarkeitsdatum auf einem Joghurtbecher. Schon deshalb ist es gut, bei aller Zielstrebigkeit seinen eigenen Interessen und seinem Herzen zu folgen. Es ist ein Mythos, dass alle, die später sehr erfolgreich waren, schon im Kindergarten ganz genau wussten, wo sie hinwollten. Mancher deutet das im Rückblick vielleicht so, aber

Auf der Bühne

dann hat er bereits die Punkte verbunden. Lass dich also nicht entmutigen, schon gar nicht von Instagram-Kulissen, bei denen alle permanent supererfolgreich und supergeradlinig am Ziel angekommen sind.

Wie man Kunden gewinnt: Empfehlungen als Umsatzmotor

Eben hatte ich noch Flirtseiten programmiert und mit dem Aufbau von anderen themenbezogenen Nischenseiten erste Erfolge im Affiliate-Marketing erzielt, da klopften plötzlich reihenweise Kleinunternehmer, Start-ups, Baufirmen, Versicherungs- und Immobilienmakler, sogar größere Zeitungsverlage bei mir an: Ob ich ihnen helfen könne, ihr Unternehmen im Netz bekannter zu machen? Dabei hatte ich nirgendwo Werbung für mich geschaltet. Des Rätsels Lösung war Mundpropaganda. Ich wurde von Freunden empfohlen, dann von Freunden von Freunden, schließlich in Foren im Netz als jemand erwähnt, der sich mit Onlinemarketing auskennt. ***Im Business geht nichts über Kontakte. Das war vermutlich schon im alten Rom so,*** und das wird auch noch so sein, wenn ein Teil der Menschheit auf den Mars umgezogen ist, wie Elon Musk es plant. Bald war ich in einem Umkreis von bis zu 300 Kilometern unterwegs, beriet Unternehmen vor Ort in Sachen Onlinestrategie. Ich verkaufte bei diesen Beratungsterminen immer öfter Agenturleistungen, also die Entwicklung und Umsetzung von Marketingmaßnahmen für ein komplettes Jahr. Nichts lag also näher, als tatsächlich eine Agentur zu gründen. Adzoom war geboren.

Mundpropaganda nimmt merkwürdige Wege. Einer meiner ersten Kunden war ein Familienunternehmen, das mit speziellen Gartenpflanzen handelte – ein Fünf-Personen-Betrieb, den Oma, Opa, Eltern und die Enkelin am Laufen hielten. Im Laden gab es kein Internet, und mit Ausnahme der Enkelin wagte sich niemand an den urzeitlichen Computer, der dort im

Hinterzimmer stand. Dennoch war man wild entschlossen, mit der Zeit zu gehen und einen Onlineshop aufzumachen. Wir programmierten eine schöne Seite. Kein Hexenwerk. Dank Suchmaschinen-Optimierung wurde die Website im Netz gut gefunden. Marketingmaßnahmen lenkten weitere Pflanzenfreunde darauf. Und die Bestellungen wurden mangels Internet einfach auf das Faxgerät im Laden umgeleitet. Fertig. Dann hörte ich drei, vier Wochen nichts mehr, bis zu einem denkwürdigen Anruf: »Herr Przybylski, schalten Sie den Onlineshop aus! Sofort!«, flehte mich die Tochter des Hauses an. Der rüstige Großvater, der das Faxgerät bediente, hatte einen Schwächeanfall erlitten und lag im Krankenhaus. Das Faxgerät stand seit Tagen nicht mehr still und spuckte eine Bestellung nach der anderen aus. Und das war einfach zu viel für den Senior.

Sei anspruchsvoll bei der Auswahl deiner Kunden

Der Pflanzenshop war ein grundsympathischer Betrieb. Aber lohnen sich solche Kunden auch wirtschaftlich? Ein paar Jahre später waren wir in einer ganz anderen Liga unterwegs und arbeiteten mit Kunden, die dreistellige Millionenumsätze erzielten. Doch ***wie die meisten Unternehmen machten auch wir eine Experimentier- und Findungsphase durch.*** Bevor du dich auf bestimmte Kunden konzentrieren kannst, brauchst du erst einmal Kunden, die dir Gelegenheit geben, Erfahrungen zu sammeln. Fokus ist ein wichtiger Erfolgsfaktor, aber du kannst erst fokussieren, wenn du genau weißt, worauf – und warum. ***Ohne Plan kein Fokus.*** Anfangs habe ich beispielsweise auch Start-ups beraten. Von diesen Unternehmen existierte manchmal wenig mehr als eine vage Idee im Kopf des Gründers. Jede Beratung in Sachen Onlinemarketing mündete dann unweigerlich in einen Crashkurs in Sachen Unternehmertum. Dafür war ich aber nicht angetreten, denn das war nicht nur mühsam, sondern auch wenig profitabel. Als wir nach einigen Jahren den

Entschluss fassten, nur noch Unternehmen mit »Market-Fit« und mindestens einer Million Euro Jahresumsatz zu betreuen, katapultierte das auch uns in eine neue Umsatzklasse.

»Market-Fit« bedeutet, dass das Angebot eines Unternehmens sich am Markt behauptet, stark nachgefragt wird und skalierbar (also in höheren Zahlen herstellbar und absetzbar) ist. Die Entscheidung, sich auf diese Unternehmen zu fokussieren, reifte in vielen Monaten. Sie fiel mir ähnlich schwer wie der Entschluss etwa ein Jahr zuvor, nur noch Aufträge anzunehmen, die uns mindestens 1500 Euro Umsatz monatlich bringen. Solche sinnvollen Entschlüsse werden durch Angst gebremst. Man liegt nachts wach und grübelt: »Kann ich es mir wirklich leisten, Kunden abzulehnen?« Lass dir gesagt sein: Das *kannst* du als Unternehmer nicht nur. Das *musst* du sogar, wenn du erfolgreicher werden willst. ***Wer alle versorgt, verliert die wirklich interessanten Kunden.*** Die suchen sich dann einen anderen Dienstleister, während du rund um die Uhr damit beschäftigt bist, mäßig lukrative Kleinaufträge abzuarbeiten.

Ironischerweise ist es oft so, dass die Ansprüche der Kunden umso größer sind, je knapper das Geld ist. Beispiel: Ein Kunde investierte - wie er mir verriet - seine letzten 500 Euro in ein Coaching bei mir. Ich war fassungslos, denn erstens hatte er vermutlich noch eine Menge anderer Rechnungen zu bezahlen und zweitens hofft jemand, der sich in eine solche Zwangslage manövriert hat, auf die Hollywood-reife Rettung in letzter Sekunde. Das Leben ist aber kein Blockbuster, bei dem am Ende alles gut wird. Wie soll ich in einem kurzen Austausch das ausbügeln, was vorher jahrelang falsch lief? Ich hätte diesen Auftrag abgelehnt, wären mir die Voraussetzungen bekannt gewesen. Ähnliches gilt für Kunden, die versuchen, dich um 30, 40 oder mehr Prozent herunterzuhandeln. Entweder fehlt ihnen das Geld, oder sie wertschätzen deine Leistung nicht. In beiden Fällen handelst du dir nur Scherereien ein. ***Konzentriere dich lieber darauf, die Erfolgreichen noch erfolgreicher zu machen, als darauf, Problemfälle zu retten.***

Millionenumsätze werfen Fragen auf

Was uns mit dem Pflanzenshop gelungen war, funktionierte auch im größeren Stil. Wir betreuten beispielsweise einen Veranstalter, der Event-Reisen (Wochenendtrips mit Programm, Musical-Reisen und Ähnliches) anbot. Der Jahresumsatz betrug rund 200 Millionen Euro. Wir optimierten das Onlinemarketing plattformübergreifend, stimmten Suchmaschinenoptimierung und Social-Media-Marketing aufeinander ab, nutzten Presseverteiler, gestalteten die Website so, dass sie optimal verkaufte. Unter dem Stichwort »Conversion Optimierung« entwickelten wir Marketingstrategien, die du heute von Buchungsplattformen kennst: »Nur noch 3 Plätze frei.« oder »5 Personen sehen sich gerade dieses Angebot an.« Dazu war ich nach einer intensiven Einstiegsberatung einmal monatlich im Haus und schulte die Mitarbeiter und Mitarbeiterinnen. Am Ende des Jahres stand ein Umsatzplus von 30 Prozent für den Reiseanbieter. Ja, du hast richtig gerechnet - das waren bei bisher 200 Millionen über 65 Millionen Euro Mehrumsatz. Unser Rekord bei diesem Unternehmen war ein Wochenend-Trip mit Abendprogramm, der sich binnen 48 Stunden fast 4 500-mal verkaufte. »Das ist krank!«, so der Inhaber fassungslos. Als Geschäftsmann fängst du nach solchen Erfolgen natürlich an zu grübeln, ob dein Honorarmodell wirklich schlau ist, wenn du pauschal nach deinem Zeitaufwand bezahlt wirst. Es dauerte nicht lange und wir verkauften Aufträge nur noch mit Fixum und Erfolgsbeteiligung.

Falls du dich gerade fragst, ob das damals üblich war: Das ist die falsche Frage. Die richtige Frage ist, ob es machbar war. Und das war es. Unternehmer unternehmen etwas. Sie gehen neue Wege. Wer der Mehrheit hinterherläuft, wird sie niemals überholen. Denn egal, in welchem Business du bist: ***Wenn du nur machst, was alle machen, wirst du auch nur bekommen, was alle bekommen.*** Überleg daher immer, wie du dein Geschäft optimieren kannst. Das gilt für alle Bereiche: Produkte, Prozesse, Führung, Finanzen, um nur die wichtigsten zu nennen.

Lerne aus Erfahrungen und gehe die Dinge an, die dich permanent ärgern. Investiere deine Energie statt ins Ärgern lieber in Ideen, die das Ärgernis abstellen. »Dafür fehlt mir die Zeit« ist dabei die denkbar schlechteste Ausrede. Das hat der inzwischen verstorbene Managementguru Stephen Covey schon vor vielen Jahren mit seiner bekannten Geschichte vom Waldarbeiter klargestellt. Darin müht sich ein Waldarbeiter mit einer stumpfen Säge an einem Baum ab. Ein Spaziergänger, der vorbeikommt, gibt ihm den Rat, doch erst mal die Säge zu schärfen. Darauf der Waldarbeiter: »Dafür habe ich keine Zeit! Ich muss ja sägen!« Derselbe Irrsinn regiert, wenn Chefs darüber klagen, nichts delegieren zu können, und sich gleichzeitig keine Zeit nehmen, ihre Mitarbeiter zu schulen. Oder wenn Selbstständige sich über niedrige Umsätze beschweren, aber vermeintlich keine Zeit haben, ihr Honorarmodell zu überdenken und/oder lukrativere Kunden zu gewinnen. Fürs Schärfen der Säge muss immer Zeit sein. Wie du das bei aller Hektik geregelt bekommst, verrate ich dir im Abschnitt »Die Rettung im Alltag«.

Sinngemäß gilt das Gesagte übrigens auch für ehrgeizige Arbeitnehmer und Angestellte. Wenn du im Job das Gefühl hast, dein Chef oder deine Chefin bremst dich aus, bringt dir Jammern gar nichts. Du musst das Problem an der Wurzel anpacken. Rede mit deinem Chef und frag ihn, was du tun kannst, um befördert zu werden. Notfalls wechsele in eine andere Abteilung oder in ein anderes Unternehmen. Aber frag dich auch, ob du wirklich mehr zu leisten bereit bist als andere, wenn du mehr erreichen willst als sie.

Gib deinen Kunden Hausaufgaben

Deine Kunden behandeln dich so, wie du dich behandeln lässt. Entscheidend ist, wie du dich selbst positionierst. Bei erfolgreichen Geschäftsleuten trifft ein Honorarmodell mit Gewinnbeteiligung beispielsweise nur selten auf Widerstand.

Es verschafft dir vielmehr Respekt. Es zeigt: Du und dein Kunde, ihr seid im selben Universum unterwegs, in einer Welt, in der man mit guter Leistung gutes Geld verdient. Und wenn die Leistung sogar außergewöhnlich ist, muss es dafür auch mehr Geld geben. Ein Lamborghini kostet ja auch mehr als ein Toyota. Außerdem signalisiert eine Gewinnbeteiligung deinem Kunden, dass du selbst vom Erfolg deiner Arbeit überzeugt bist.

Manche Selbstständige versuchen aus einem schrägen Serviceverständnis heraus, ihren Kunden möglichst alles abzunehmen, was zur Erfüllung eines Auftrags nötig ist. Sie wollen dem Auftraggeber keine Mühe machen. Ich halte das aus zwei Gründen für falsch. Der erste Grund: Du wirst in diesem Modell vom Kunden nicht als Partner auf Augenhöhe wahrgenommen, sondern als »Abarbeiter« im Hintergrund. Angesehene Experten und Expertinnen arbeiten aber nicht mit jedem, und sie agieren auch nicht aus einer rein dienenden Rolle heraus. Sie definieren Spielregeln, nach denen ihr Business funktioniert, und sie erwarten, dass sich ihr Gegenüber zugunsten des gemeinsamen Projekterfolgs an diese Regeln hält. Ein einfaches Beispiel für eine solche Spielregel ist die untenstehende Checkliste »Erfolgreiches Onlinemarketing – Was wir von Ihnen dazu brauchen«, die sämtliche Informationen abfragt, die wir für optimale Onlinemarketingmaßnahmen brauchten. Wenn du von deinem Kunden nichts forderst, sondern nur förderst (also lieferst), endest du im Agenturgeschäft als eine Art Seelsorge-Hotline, bei der ständig irgendwelche Mitarbeiter deines Kunden anrufen, weil sie gerade ein Problem haben. Wir haben dagegen die Botschaft gesendet: »Wir erklären dir, wie es geht. Du bekommst die Strategie von uns, das Know-how und Schablonen, die du mit deinen Unternehmensmerkmalen fütterst. Machen musst du es dann selbst!«

Erfolgreiches Onlinemarketing – Was wir dazu von Ihnen brauchen:

- Wer ist Ihre Zielgruppe?
- Wie sieht Ihr perfekter Kunde aus?
- Wie alt ist Ihr bisheriger Durchschnittskunde?
- Welche Eigenschaften hat Ihr bisheriger Durchschnittskunde?
- Was ist das Ziel der Website? Welche Leistung wird angepeilt?
  (Brand-Aufbau, Neukundenakquise, Informationen liefern, Aufklärung, direkter Verkauf und weniger Support …?)
- Werden Testimonials genutzt (bisher/zukünftig)?
- Werden bereits Bewertungsportale genutzt?
- Wird bisher Werbung geschaltet, und wenn ja, auf welche Seite wird die Werbung gezielt gesteuert?
- Sind Werbetexte und Slogans vorhanden, und wie lauten sie?
- Wer ist der technische Ansprechpartner für die bisherige Umsetzung?
- Auf welchem Server wird die Seite betrieben?
- Wie sind die Ladezeiten der Seite?
- Wie hoch ist das Budget für die Suchmaschinen-Optimierung?
- Wie hoch ist das Budget für bezahlte Werbung bei diversen Suchbegriffen bei Google?

… und vieles mehr. Dies ist nur ein Auszug der Abfrage der Voraussetzungen. Die Checkliste war mehrere Seiten lang und war vollständig zu beantworten, bevor wir aktiv wurden.

Der zweite Grund, zu fordern und nicht nur zu fördern: Ein Kunde, der selbst aktiv zu einem Arbeitsergebnis beigetragen hat, identifiziert sich stärker mit diesem Ergebnis. ***Wer von vornherein einbezogen wird, steigt hinterher nicht so leicht aus.*** Das ist im Unternehmen nicht anders, wenn Mitarbeiter und Mitarbeiterinnen beispielsweise für Veränderungsprojekte gewonnen werden sollen. All das bedeutet: Wenn du eine anspruchsvolle Dienstleistung verkaufst, sollte dein Kunde dich als Sparringspartner auf Augenhöhe ansehen. Damit das passiert, brauchst du zuerst Fachkompetenz. Genauso wichtig aber ist selbstbewusstes Auftreten, das unterstreicht, dass du weißt, wovon du redest. Und schließlich brauchst du auch gut organisierte Prozesse, die den Kunden einbinden, sodass du Aufträge effizient, zuverlässig und erfolgreich durchführst. Idealerweise so erfolgreich, dass dein Kunde begeistert ist und dich weiterempfiehlt. Gelingt dir das, wirst du auch in Zukunft die richtigen Kunden anziehen.

Vorsicht: Problemkunde!

Profis arbeiten am liebsten mit anderen Profis. Für deinen Erfolg ist es genauso wichtig, mit wem du *nicht* zusammenarbeitest, wie mit wem du arbeitest. Leider gibt es für Kunden und Geschäftspartner keine Sicherheitskontrolle wie am Flughafen, wo jeder ganz einfach durchleuchtet wird. Du musst dich auf dein eigenes Gespür verlassen. Kunden, die nicht zahlen; Kunden, die Termine nie einhalten; Kunden, die selbst nicht wissen, was sie wollen; Kunden, die ihre Hausaufgaben nicht machen; Kunden, die deine Mitarbeiter so schlecht behandeln, dass du sie hinterher mühsam wieder aufbauen musst – jede Selbstständige und jeder Unternehmer kennt das. Es gibt Kunden, die kosten von allem mehr: mehr Zeit, mehr Geld, mehr Nerven. Würdest du das alles in deine Rechnung einpreisen, müssten solche Kunden dir ein Vielfaches bezahlen. Trenne dich lieber früher als zu spät von ihnen. Rede dir nicht ein, du brauchst den Umsatz. Nutze die frei gewordene Zeit, um lukrative Kunden zu gewinnen, mit denen die Zusammenarbeit besser klappt. Paradoxerweise ist es ja so, dass die gut organisierten und erfolgreichen Kunden oft auch noch die menschlich angenehmeren sind. Oder vielleicht ist das gar nicht so paradox und das eine hängt schlicht mit dem anderen zusammen.

Toxische Kunden rechtzeitig zu erkennen, ist Erfahrungssache. Manche Unternehmer arbeiten dabei mit groben Rastern. Ein Vertriebler aus der Finanzdienstleistungsbranche erzählte in größerer Runde einmal, dass er »Lehrerinnen mit Doppelnamen« grundsätzlich meiden würde. Er erntete Gelächter und spontane Zustimmung. »Bloß keine Juristen!«, auch das habe ich schon gehört, »Die zerreden alles und ziehen dich hinterher auch noch über den Tisch.« Beides klingt mir eher nach Vorurteil als nach Menschenkenntnis. Das wichtigste Fazit, das ich nach zwei Jahrzehnten als Unternehmer in Sachen Kunden ziehe, lautet: ***Wer sehr viel erzählt, hat oft wenig auf der Pfanne.*** Selbstdarsteller, die alles können, alles machen und große Pläne für die Zukunft haben, tauchen in vielen Fällen ab, wenn es ums Liefern, um die mühsame Alltagsarbeit geht. Ich werde vorsichtig, wenn jemand ins Schwadronieren kommt, auf klare Fragen aber nur unklare Antworten gibt und schon seinen ersten Verpflichtungen (»Kunden-Hausaufgaben«) nicht nachkommt. Dasselbe gilt, wenn Rechnungen nicht pünktlich bezahlt werden. Ja, es kommt vor, dass die Buchhaltung gerade Urlaub macht, dass Banken Fehlbuchungen unterlaufen oder dass eine Aushilfe einen Zahlendreher in die Überweisung eingebaut hat. Doch warum passiert das bei einigen permanent und bei anderen nie?

Gute Indikatoren für eine vielversprechende Zusammenarbeit sind dagegen nachweisbare bisherige Erfolge. Wer schon etwas aufgebaut hat, im Vertrieb Umsatzerfolge erzielt hat, erfolgreich Verantwortung für Bereiche getragen hat, in denen die Arbeitsergebnisse messbar sind, mit dem kann man im Allgemeinen gut arbeiten. Ich liebe es, mit Menschen zu kooperieren, die Eigeninitiative und Disziplin mitbringen. Wenn du kritisch genug bist, wirst du auf Dauer die Kunden anziehen, die zu dir passen. Man erkennt sich gegenseitig. In der Regel hast du dann noch das Glück, dass erfolgreiche und pragmatische Menschen meist Kontakte zu Gleichgesinnten pflegen und dich an diese weiterempfehlen.

Nie mehr Zeit gegen Geld
Der Weg zum Affiliate-Marketing

Mein Agenturgeschäft lief gut und immer besser. Um der Flut der Aufträge Herr zu werden, stellte ich nach und nach Mitarbeiter und Mitarbeiterinnen ein. Am Ende waren es über 20. Wir arbeiteten nicht nur für Reiseveranstalter, sondern auch für Tierversicherer und Erotikseiten. Letztere bescherten mir einen der peinlichsten Momente meines Lebens. Keine Sorge, ich verrate ihn dir später noch. Zu unseren Erfolgen gehörte es, einen deutschen Tierversicherer binnen kurzer Zeit unter den Top drei in allen Suchmaschinen zu platzieren. Wenn du das für nichts Besonderes hältst, weißt du vielleicht nicht, wie viele Tierversicherungen es gibt – und wie viel Geld dort fließt. Glaub mir, manches Pferd ist besser versichert als du.

Erfolge multiplizieren, Aufwand reduzieren

Weil das mit den Tierversicherern in Deutschland so gut funktioniert hatte, wurden polnische Tierversicherer auf uns aufmerksam, und wir betreuten mehrere Seiten in Polen. Deren Geschäft ging durch die Decke. Der größte polnische Sender, TVP1, wollte daraufhin ein Interview mit mir. Da mein Polnisch gut, aber nicht perfekt ist, lehnte ich ab. Aus heutiger Sicht war es nicht unbedingt schlau, auf kostenlose TV-Werbung zu verzichten, aber über einen Mangel an Aufträgen konnten wir uns ohnehin nicht beklagen.

Das Beispiel der Tierversicherung verdeutlicht ein Erfolgsprinzip, das im Unternehmensalltag und gerade in der Startphase oft übersehen wird: ***Gleiches zu wiederholen, macht Aufträge profitabler.*** Das war schon so, als ich noch in meinem Kinderzimmer die zweite und dritte Flirtseite programmierte. Das ging erheblich schneller als beim ersten Mal und brachte mir beim Verkauf fast die gleichen Einnahmen. Je stärker sich deine Projekte unterscheiden, desto zeitaufwändiger und auch fehleranfälliger wird jedes einzelne Projekt, da du dich immer wieder neu hineindenken musst. Am schlimmsten ist es, wenn du einen wahren Bauchladen von Leistungen anbietest. Das kostet dich nicht nur Glaubwürdigkeit – wer alles kann, kann nichts richtig –, sondern auch Umsatz. Wenn du dagegen doppelt so schnell bist und den Preis nur um 10 Prozent senken musst, ist das ein schönes Geschäft. Noch schöner wird es, wenn du den Preis nicht niedriger ansetzen musst, sondern Umsatz und Gewinn bei stabilen Preisen und vermindertem Aufwand erhöhst. Heute redet alle Welt davon, skalierbare Angebote zu schaffen, beispielsweise durch die Standardisierung und Automatisierung von Prozessen. Doch nur wenige Unternehmen schaffen das wirklich. ***Am ehesten skalierbar sind digitale Angebote,*** die beliebig oft multiplizierbar sind, ohne dass beim Verkauf nennenswerte Abwicklungskosten entstehen, vom E-Book bis zum Onlinekurs. Durch solche Angebote entkoppelst du dein Einkommen von deinem Zeiteinsatz, und das ist eine vielversprechende Perspektive.

Solange du Zeit gegen Geld tauschst, ist dein Wachstum endlich

Mehr Geschäft, namhaftere Kunden, mehr Mitarbeiter, mehr Umsatz, mehr Gewinn. Noch mehr Geschäft, noch größere Kunden, noch mehr Mitarbeiter und noch mehr Gewinn – das beschreibt in Kürze die Entwicklung von Adzoom. Doch was von außen wirkt wie eine reine Erfolgsstory, fühlte sich für mich in Wahrheit an wie eine immer härtere Tretmühle. Ein Faktor dabei: Es mag geborene Führungskräfte geben, die super delegieren können. Ich gehörte nicht dazu. Und so rotierte ich bei über 20 Mitarbeitern und Mitarbeiterinnen und etlichen Freelancern immer hektischer zwischen zahllosen Projekten und spielte permanent Feuerwehr. Ich war in die Falle getappt, in die viele Führungskräfte laufen: Die meisten Mitarbeiter kapieren ziemlich schnell, dass du immer zum Löschen kommst, sobald es in ihrem Büro brennt. Warum also sollten sie selbst Brandschutz betreiben oder den Schlauch in die Hand nehmen, wenn der Chef ihn dann sowieso an sich reißt? In keinem Bereich habe ich so schmerzhaft dazulernen müssen wie im Bereich Führung. Ein großes Team zum Erfolg zu führen, ist eine anspruchsvolle Aufgabe.

Mit dem Aushandeln von Gewinnbeteiligungen am Umsatzplus, das Agenturkunden durch unsere Maßnahmen im Onlinemarketing erzielten, begann ich, mein Einkommen von meinem zeitlichen Einsatz zu entkoppeln. Trotzdem hängst du als Agentur immer an der Leine deiner Kunden. Du hast eine Servicerolle und bist von ihren zeitlichen Vorstellungen und wirtschaftlichen Möglichkeiten abhängig. Das ist grundsätzlich nicht schlimm, widerspricht aber meinem starken Bedürfnis nach Unabhängigkeit. Ich wollte lieber mein eigener Herr sein als Dienstleister für andere. Aus diesem Grund verlagerte ich den Schwerpunkt meines Business nach und nach stärker auf die Programmierung eigener Nischenseiten, auf denen thematisch passende Werbung platziert wurde. Kam durch diese Werbung ein Produktverkauf zustande, erhielten wir eine Provision. Mit wachsendem Erfolg der Website und der Werbung floss mehr Geld, ohne dass wir mehr Aufwand hatten. Das macht Affiliate-Marketing so reizvoll.

Auch passives Einkommen macht jede Menge Arbeit

Mehr Geld ohne persönlichen Mehreinsatz, so genanntes passives Einkommen, das ist der Traum vieler Gründer und anderer Menschen mit wirtschaftlichem Ehrgeiz. Was dabei gelegentlich übersehen wird: Auch beim passiven Einkommen geht es nicht darum, beim Spazierengehen über einen versteckten Geldhahn zu stolpern, den du kurz aufdrehst, und dann läuft die Sache, während du im Liegestuhl unter Palmen Cocktails schlürfst. ***Bevor passives Einkommen hereinkommt, musst du ganz schön aktiv sein,*** egal ob du dein Geld in Aktien, Immobilien oder andere Anlageformen investierst oder skalierbare Angebote schaffst. Fürs Geldanlegen musst du zuvor Geld verdienen und dich dann am Finanzmarkt intensiv und zeitaufwändig informieren. Und auch skalierbare Produkte wollen erst einmal entwickelt werden. Zu Spitzenzeiten betrieben wir bei Adzoom fast 400 Affiliate-Seiten. All diese Seiten wollten mit Inhalten gefüllt werden, der Nutzer zum Besuch der Website motivierte. Es ging also darum, sinnvolle Informationen zu Handyverträgen, Krediten, Wellnessreisen, Seniorenhandys, Dropshipping per Amazon (wo die Bestellung abgewickelt wird, während der Versand vom Hersteller erfolgt), Babykleidung, Kinderwagen, Handyversicherungen, Gartengeräten, Finanzierungsangeboten ohne Schufa, Studententarifen für Smartphones, Stromwechsel, Gutscheinportalen, Mode, Produktvergleichen und so weiter zu liefern und aktuell zu halten. Dafür brauchten wir Texter und Texterinnen. Natürlich mussten die Seiten erst einmal erstellt und ansprechend gestaltet werden. Dafür brauchten wir Webdesigner und Programmierer. Unsere zentrale Kompetenz war, dass unsere Seiten prominent im Netz gefunden wurden. Dafür nutzten wir unser ganzes Können im Onlinemarketing. Klingt nicht gerade passiv, oder? Um es kurz zu machen: Ich verdiente viel Geld, aber ich arbeitete auch immer mehr. Und das ging auf Dauer leider nicht gut, zumal ich – wie alle Menschen – auch Fehlentscheidungen traf, die mich Zeit und Nerven kosteten.

Learnings
Wer niemals scheitert, bleibt immer unter seinen Möglichkeiten

Ich bin weit davon entfernt, das Scheitern zu verklären, wie es seit einiger Zeit Mode zu sein scheint. Doch Misserfolge gehören zum Leben dazu, erst recht zu einem Unternehmerleben. Manche Fehler sind dabei vorhersehbar, andere nicht. Die allermeisten Fehler sind entschuldbar, schließlich ist niemand perfekt. Was in meinen Augen nicht entschuldbar ist: denselben Fehler ein zweites oder gar ein drittes Mal zu machen. Aber auch das ist mir schon passiert.

Fehler 1: Zu lange an Projekten festzuhalten

Als Unternehmer solltest du dich nicht zu sehr in einzelne Projekte verlieben. Sonst besteht die Gefahr, dass du das Rechnen vergisst. Eine meiner ersten sehr erfolgreichen Seiten war ein Portal für Kuren und Wellnessreisen. Ich betrieb diese Seite zusammen mit einem langjährigen Geschäftspartner. Der generierte Jahresumsatz lag nach einiger Zeit bei rund 5 Millionen Euro. Das klingt erst einmal nicht schlecht. Entscheidend ist jedoch nicht der Umsatz, sondern der Gewinn, wie man schon im Grundkurs Betriebswirtschaftslehre lernt. Reisen sind ein aufwändiges und risikoreiches Produkt. Man musst Sicherungspakete vorhalten, für den Fall, dass einer der Anbieter pleitegeht; Kunden buchen immer kurzfristiger; man muss jederzeit mit Stornierungen rechnen. Und wenn unvorhergesehene Ereignisse eintreten, wie etwa eine Pandemie, ist selbst das größte Geschäft von heute auf morgen mausetot.

Trotz des hohen Umsatzes konnten mein Geschäftspartner und ich uns nur jeweils 60 000 Euro jährlich aus diesem Projekt auszahlen. Knapp die Hälfte davon ging ans Finanzamt. Für den Zeitaufwand und das Risiko war das eindeutig zu wenig. Dennoch hielt ich jahrelang an dem Projekt fest, aus alter Freundschaft zu meinem Geschäftspartner und aus sentimentaler Vorliebe für das Produkt Reisen. Erst nach sieben Jahren verkauften wir die Seite an ein großes Reisebüro. Heute wäre ich weitaus rigoroser und würde früher handeln. Seit damals habe ich viele Seiten großgemacht und nach wenigen Monaten verkauft, sobald sie erfolgreich waren.

Bei mir im Unternehmen gilt seitdem die »3×3×3-Regel«. Sie bewahrt uns weitgehend vor irrationalen und wirtschaftlich unvernünftigen Investments. Die Regel lautet:

- Wir testen ein neues Produkt drei Wochen.
- Dabei investieren wir maximal die dreifache voraussichtliche Provision. So können wir Projekte beenden, bevor wir massiv Geld verbrennen würden.
- Wenn unsere anfänglichen Erwartungen erfüllt werden, machen wir drei Monate weiter. Fährt das Projekt dann keinen nennenswerten Profit ein, stoßen wir es ab.

Um das an einem Beispiel deutlich zu machen: Wenn wir einen Onlinekurs bewerben, der 150 Euro kostet und der uns 40 Euro Provision pro Verkauf einbringt, investieren wir in den ersten drei Wochen maximal 120 Euro (= die dreifache Provision) in unsere Maßnahmen. Bekommen wir in diesen drei Wochen unsere Investition nicht wieder herein, bewerben wir das Produkt nicht weiter. Pendeln unsere Einnahmen danach (in den ersten drei Monaten) lediglich um den Break-even-Point, liegen also mal über, mal unter der Gewinnschwelle, stoßen wir das Projekt ebenfalls ab. Man kann sich alles schönreden und schönrechnen:

»Das wird schon noch«, »Spätestens im Sommer wird die Nachfrage steigen«, »Der Markt ist reif dafür, in den USA funktioniert das doch auch« und so weiter. Klüger ist es, sich auf konkrete Daten zu verlassen. ***Zahlen lügen nicht.***

Fehler 2: Fehler wiederholen

Meine Erfahrung mit Wellnessreisen hätte mich warnen sollen, als ich Jahre später auf die Idee kam, ins Geschäft mit Japan-Reisen einzusteigen. Wie gesagt: Man muss denselben Fehler ja nicht zweimal machen. Doch Japan war zu dieser Zeit schwer angesagt, und ich war überzeugt, die nächste »Cash-Cow« gefunden zu haben – ein Produkt, das über längere Zeit überdurchschnittlich hohe Gewinne abwirft. Wir waren zwei, drei Monaten ganz erfolgreich aktiv, als mich mein Geschäftspartner eines Morgens in aller Frühe anrief und ohne weitere Begrüßung sagte: »Mach sofort den Fernseher an!« Ich stellte keine Fragen, tat es und wusste sofort, dass meine Cash-Cow gerade gestorben war. Auf allen Sendern liefen Bilder der Reaktorkatastrophe von Fukushima, zu der es infolge eines Erdbebens an der Küste Japans kam. Ich fühlte mit den Menschen dort. Als Unternehmer musste ich jedoch gleichzeitig daran denken, was das für mein Geschäft bedeuten würde und wie gut wir das wirtschaftlich verkraften konnten. Mit 20 Angestellten kannst du dir plötzliche Einnahmeausfälle nur begrenzt leisten. Weitere Ausflüge ins Reisegeschäft habe ich danach vermieden.

Fehler 3: Projekte, die man später bereuen könnte

Ich hatte dir ja noch eine peinliche Erfahrung versprochen. Preisfrage: Welche Seiten werden im Internet am häufigsten aufgerufen? Mit Google, Yahoo und anderen Suchmaschinen liegst du schon einmal richtig. Hinzu kommen natürlich soziale

Medien wie YouTube, Facebook, Instagram und Twitter. Unter die Top Ten der weltweit am meisten angeklickten Seiten schaffte es 2020 aber auch eine Pornoseite (Xvideos.com) mit 3,3 Milliarden Aufrufen der Hauptseite.[24] Das sind über 9 Millionen Aufrufe täglich, rund 378 000 Aufrufe stündlich und knapp 6 300 Aufrufe Minute für Minute. Pornos gehören zu den am meisten nachgefragten Inhalten im Netz. Das war auch vor 20 Jahren schon so. Rein wirtschaftlich betrachtet lag es daher nahe, auch in dieses Business einzusteigen. Also programmierten wir eine vergleichsweise harmlose Erotikseite, die es recht schnell auf 4 Millionen Besucher im Monat brachte. Wenig später waren es schon 4 Millionen pro Woche.

Ich war damals noch alleinstehend und wohnte in einer kleinen Wohnung in einem Dreiparteien-Haus. Die Wohnung über meiner teilten sich zwei Frauen, in der Wohnung im Erdgeschoss wohnte eine alleinstehende Frau. Eines Morgens kam ich gegen 10 Uhr in die Agentur und sah schon von weitem hinter einem Bildschirm eine wilde Lockenmähne, die mir vage bekannt vorkam. Und tatsächlich: An dem Schreibtisch angekommen erkannte ich eine meiner Nachbarinnen, der eine Mitarbeiterin gerade unser Business erklärte – ausgerechnet am Beispiel der Erotikseite. Als meine Mitarbeiterin sagte: »Und das ist Dawid, unser Chef«, fiel mir alles aus dem Gesicht. Es stellte sich heraus, dass meine Nachbarin sich bei uns als Grafikerin beworben hatte. An den Rest des Vorstellungsgesprächs erinnere ich mich nur dunkel, auch wenn es so gut verlief, dass es mit einer Anstellung endete. Sehr gut erinnere ich mich allerdings daran, wie ich das nächste Mal beim Betreten des Waschkellers zwei grinsenden Frauen gegenüberstand, die sofort miteinander zu tuscheln begannen. Wahrscheinlich mutierte ich gerade vom Betreiber der Website zu deren Hauptdarsteller. Es hätte mich nicht gewundert, wenn man bald auch beim Bäcker, im Fitnessstudio und in der Kneipe um die Ecke über unser Business Bescheid gewusst hätte. In dem Augenblick veränderte sich meine Haltung. Hatte ich anfangs gedacht: »Was bringt am meisten

Geld?«, wurde mir jetzt klar: »Geld ist nicht alles!« Ich habe die Seite nach diesem Erlebnis schnell verkauft. Spätestens, wenn ich Kinder und Familie hatte, wollte ich mit diesem Business nicht mehr in Verbindung gebracht werden.

Nachtrag für alle peinlich Berührten: Du wärst überrascht, wie viele vermeintlich seriöse Zeitschriftenverlage nicht nur Fernsehzeitschriften und Rätselhefte für Rentner und Rentnerinnen herausbringen, sondern auch im Porno-Business aktiv sind. Neben Astrologie und Kochen bringt Erotik die meisten Klicks im Netz. Und an der Zahl der Klicks bemisst sich der Preis für die Platzierung von Bannerwerbung, die Verlage gerne verkaufen möchten. Ebenso würdest du dich wahrscheinlich auch wundern, wer alles solche Erotikseiten besucht. So viel sei verraten: Die Akademikerquote ist ziemlich hoch.

Ich habe aus der Erfahrung mit der Erotikseite die Konsequenz gezogen, grundsätzlich nicht in ein Business einzusteigen, über das ich abends am Esstisch im Beisein meiner Kinder nicht sprechen könnte. Das ist eine ebenso einfache wie effektive Lebensregel. Wenn du keine Kinder hast, denk an deine Eltern, deine Freunde oder deinen Partner – einfach an jemanden, an dessen Urteil dir viel liegt. Und tu im Business nichts, was diese Menschen nachhaltig verstören würde.

Wer Neuland betritt, macht Fehler. Wer nichts tut, auch

Du solltest gar nicht erst versuchen, keine Fehler zu machen. Natürlich begeht niemand gerne Fehler. Es gibt sogar eine ziemlich sichere Methode, Fehler zu minimieren: Du bleibst einfach immer bei deinen Leisten, wie der sprichwörtliche Schuster. Psychologen würden sagen, du bleibst in deiner Komfortzone. Wenn du in der Pizzeria um die Ecke seit Jahren »die Zwölf« bestellst, ist die Gefahr gering, dass du deine Bestellung bereuen wirst. Du lernst aber auch nie etwas Neues kennen. Das könnte eine Enttäuschung sein. Du könntest aber auch feststellen, dass

»die Vierzehn« dir noch viel besser schmeckt. Leider wirst du das niemals erfahren.

Aus Angst vor Fehlern gar nichts oder immer dasselbe zu tun, könnte der größte Fehler deines Lebens sein. Du wirst nie erkennen, was für dich möglich ist, wenn du es nicht ausprobierst. Außerhalb deiner Komfortzone beginnt deine persönliche Wachstums- oder Entwicklungszone. Noch weiter draußen beginnt dann deine Panikzone, in der eine hohe Gefahr des Scheiterns besteht, weil du dort vor Angst wie gelähmt wärst. Wenn du noch nie auf Skiern gestanden hast, solltest du nicht gleich eine schwarze Piste herunterbrettern. Es reicht vollkommen, wenn du dich erst einmal in die Entwicklungszone traust und am Anfängerhügel übst.

Auch im Business geht es darum, kontrolliert Risiken einzugehen. Wenn du vorwärtskommen willst, steht diese Herausforderung quasi permanent im Raum. Dabei geht es nicht um schwarze Pisten oder Kamikaze-Aktionen, die deine gesamte wirtschaftliche Existenz gefährden könnten, sondern um gut überlegte Schritte auf unbekanntes Terrain. Bei diesen Schritten könntest du scheitern und vielleicht Geld verlieren. Es könnte aber auch das Gegenteil eintreten, und du erschließt dir ein neues lohnendes Geschäftsfeld. Im Angestelltenjob ist es nicht anders: Wenn du mehr erreichen willst, musst du dich mit eigenen Ideen aus der Deckung trauen. Bleibst du immer still, weil du dich nicht blamieren willst, wird ein Kollege befördert, der mehr Eigeninitiative zeigt als du.

Ob als Angestellter oder als Unternehmer: ***Wenn du 20 Jahre im Business bist und dir war in dieser Zeit gar nichts peinlich, dann warst du vermutlich nicht mutig genug.*** Viele große und einst sehr angesehene Firmen sind nicht an mutigen Neuerungen gescheitert, sondern daran, dass sie zu lange in ihrer Komfortzone verharrten. Nokia, einst Weltmarktführer auf dem Handymarkt, hielt das Smartphone für eine vorübergehende Erscheinung und versank in der Bedeutungslosigkeit. Firmengründer und HiFi-Pionier Max Grundig nahm die günstige Konkurrenz aus Fernost (Akai, Hitachi, Sharp, Sony und so weiter) nicht ernst und schlitterte in die Insolvenz. Kodak dominierte viele Jahre unangefochten den US-Markt für Pocketkameras und Filme, erfand dann die Digitalkamera und scheute vor deren Markteinführung zurück. Die neue Technik hätte das gewohnte Geschäft mit den Filmrollen gefährdet. 2012 war das Unternehmen bankrott, weil fast keiner mehr Filmrollen kaufte und andere das Geschäft mit den digitalen Kameras machten. ***Kein Risiko einzugehen, ist manchmal das allergrößte Risiko.*** Auch wer nichts macht, kann Fehler machen.

Führung
Vom Duzen bis zur Raucherpause

Der Bereich, in dem ich mehrfach gescheitert bin, hatte weder mit Onlinestrategien noch mit Geschäftsmodellen oder Partnerunternehmen zu tun. Am häufigsten habe ich mir im zwischenmenschlichen Bereich eine blutige Nase geholt – bei der Führung von Mitarbeitern und Mitarbeiterinnen. Ich stellte die falschen Leute ein, vertraute den falschen Menschen und hielt zu lange an Mitarbeitern fest, die ich besser entlassen hätte.

Es ist dein Business, nicht das deiner Mitarbeiter

Einer meiner Grundirrtümer bestand darin zu glauben, alle würden ähnlich für mein Business brennen wie ich selbst. Dabei liegt es im Grunde auf der Hand: Als Unternehmer arbeitest du für dich selbst, als Angestellter arbeitest du für jemand anderen. Für dich als Unternehmer steht dein Business ganz oben auf deiner Prioritätenliste. Für deine Angestellten steht es je nach Motivation irgendwo zwischen Familie, Freunden, Hobbys und vielem mehr, und das ist auch legitim. Natürlich gibt es Angestellte, die für ihre Arbeit leben, aber das ist eine kleine Minderheit. Der jährlich erhobene Motivationsindex des Gallup Instituts, der die emotionale Bindung von Arbeitnehmern an ihre Firma misst, kommt seit Jahren zum immergleichen Ergebnis: Eine starke Bindung ans Unternehmen und damit verbunden eine sehr hohe Arbeitsmotivation haben ungefähr 15 Prozent der Mitarbeiter. Etwas mehr als zwei Drittel aller Arbeitnehmer machen Dienst nach Vorschrift; weitere 15 Prozent haben sogar innerlich gekündigt.[25] Das bedeutet: **Im Durchschnitt sind fünf von sechs Arbeitnehmer viel weniger engagiert als du,** und du kannst sogar froh sein, wenn diejenigen, die innerlich gekündigt haben, dir nicht aktiv schaden. Die Kunst besteht darin, auf Dauer möglichst viele von den hoch engagierten oder zumindest durchschnittlich motivierten Leuten um dich zu scharen und die, für die ihre Arbeit nur ein lästiges Übel ist, möglichst früh loszuwerden. Konzerne können sich vielleicht ein gewisses Maß an unproduktiven Mitarbeitern und Mitarbeiterinnen leisten. Kleinere Unternehmen können das nicht.

Entscheide im Zweifel gegen einen Kandidaten!

Was kannst du tun, um gute Leute zu finden? Hier einige Tipps:

- Nimm die Mitarbeitersuche ernst. Sie entscheidet über Erfolg oder Misserfolg deines Unternehmens – und über deine eigene Lebensqualität! Personalfragen sind nichts, was du nebenbei erledigen solltest. Mach dir klar, dass du es eventuell jahrelang bereuen wirst, wenn du beim Einstellungsprozess Zeit sparst.
- Bereite dich auf Vorstellungsgespräche vor, schau dir das Profil des Bewerbers oder der Bewerberin in Ruhe an, und überleg dir genau, was du fragen willst.
- Führe Gespräche nicht allein, sondern gemeinsam mit jemandem, dessen Urteil du vertraust. Das kann dein Geschäftspartner sein, jemand aus der Abteilung, in der die Stelle zu besetzen ist, oder auch eine langjährige Mitarbeiterin, die einen Blick dafür hat, wer ins Unternehmen passt.
- Beschreite verschiedene Wege der Kandidatensuche, schalte nicht nur Standardanzeigen in den üblichen Onlineportalen. Frag beispielsweise die besten deiner Mitarbeiter

nach Empfehlungen. ***Gute Leute kennen oft andere gute Leute.*** Kooperiere mit Ausbildungsstätten (Fachhochschulen, Unis). Halte dort Vorträge, um für dein Unternehmen zu werben.

- Biete Praktika, Werkstudentenjobs und Ausbildungen an, und binde die besten Leute an dich.
- Scheu dich nicht, gute Leute anderswo abzuwerben. Das gilt insbesondere für Schlüsselpositionen wie beispielsweise Führungsaufgaben. Nein, das ist nicht unfair. Wer anderswo glücklich ist, lässt sich dort nicht weglocken.
- ***»Wer Peanuts zahlt, kann nur Affen anheuern«,*** sagt eine bekannte Personalerweisheit. Wenn eine Gehaltsforderung dir hoch erscheint, frag dich, was ein guter Mitarbeiter auf dieser Position bewirken und was ein schlechter dort anrichten kann. Dabei zählen nicht nur die Kosten für die Behebung von Pannen und Fehlern, sondern auch die für Kundenverlust und entgangene Umsätze durch mäßige Arbeitsergebnisse.
- Entscheide im Zweifel gegen den Kandidaten oder die Kandidatin, suche lieber weiter. »Man muss nehmen, wen man kriegt«, ist die Ausrede derer, die zu faul sind zum Weitersuchen.
- Die Probezeit heißt Probezeit, weil in diesen Monaten beide Seiten erproben, ob sie zueinander passen. Das heißt auch: Zieh die Notbremse und kündige, wenn ein Mitarbeiter nicht das erfüllt, was gefragt und erforderlich ist. Wenn du die Probezeit verstreichen lässt, wird es kompliziert, sich zu trennen. Und rede dir gegen Ende der Probezeit nicht ein, dass es vielleicht noch besser wird. Was nach drei oder gar sechs Monaten noch nicht klappt, wird danach auch nicht mehr besser.

Hellhörig wurde ich im Laufe der Jahre vor allem bei einem bestimmten Bewerberverhalten im Vorstellungsgespräch: Wenn jemand betonte, er interessiere sich für meine Firma, weil er dort ganz viel lernen könne. Im Nachhinein waren das häufig Bewerber, die sich in die eigene Selbstständigkeit verabschiedeten, sobald sie das nötige Know-how bei uns gesammelt hatten. Kein Arbeitgeber der Welt hat aber ein Interesse daran, eine gute Mitarbeiterin genau in dem Moment wieder zu verlieren, in dem sie umfassend eingearbeitet ist. Mitarbeiter und Mitarbeiterinnen, die uns lange treu blieben, drückten dagegen Begeisterung für unser Business aus und wollten es gemeinsam mit uns voranbringen. Und auch in einem anderen Punkt bin ich misstrauischer geworden: Wichtige Strategien und Ideen, die ich ungern bei der Konkurrenz sehen wollte, gebe ich heute nicht mehr komplett preis, sondern nur in Ausschnitten. Das ganze Bild behalte ich lieber für mich, aus leidvoller Erfahrung.

Klare Regeln statt Wischiwaschi

Mit den Jahren bin ich in der Führung nicht lockerer geworden, sondern im Gegenteil vorsichtiger und energischer. Ich habe die Erfahrung gemacht, dass ***klare Ansagen mehr bringen als die diffuse Hoffnung, dass alle schon ihr Bestes geben.*** Ein Beispiel: Mein erstes Team bestand etwa zur Hälfte aus Rauchern. Außerdem arbeiteten dort in Teilzeit einige Mütter, die der Kinder wegen pünktlich nach Hause mussten. Diese Mitarbeiterinnen schafften im Schnitt in fünf Stunden das, wofür die Raucher acht Stunden brauchten. Das blieb den Frauen natürlich nicht verborgen. Irgendwann beschwerten sie sich völlig zu Recht bei mir, dass sie für das gleiche Arbeitspensum weniger Gehalt bekämen und die Raucher jede Stunde gemütliche Zigarettenpäuschen einlegten. Daraufhin führte ich Stempelkarten ein, und bei Pausen musste ausgestempelt werden.[26] Plötzlich reichten zwei Raucherpausen pro Tag statt zwei pro Stunde. Natürlich wurde erst einmal gegrummelt. Ich rechnete daraufhin vor, wie viele Arbeitstage im Jahr verloren gingen, wenn jeder pro Tag eine Stunde rauchend vor der Tür verbringt. Falls es dich interessiert: Bei zirka 210 Arbeitstagen pro Jahr sind das rund 30 Tage pro Raucher und damit volle sechs Arbeitswochen. Die Raucher genehmigten sich praktisch einen zweiten bezahlten Jahresurlaub auf meine Kosten. Mein Fazit war unmissverständlich: »Ihr beklaut mich!«

Wenn Stempelkarte für dich altmodisch klingt, wird dich auch das Folgende überraschen: Ich bin absolut für das Siezen am Arbeitsplatz. Es schafft respektvolle Distanz auf beiden Seiten. Man reißt sich im Umgang miteinander mehr zusammen. Drastisch formuliert: »Du Arschloch« entschlüpft einem eher als »Sie Arschloch«. Vielleicht ändert sich das in den nächsten Jahren, aber insbesondere bei Mitarbeitern und Mitarbeiterinnen, die älter sind als ich, halte ich das Siezen für angebracht. Und einige Leute im Unternehmen zu siezen, während man andere duzt, ist auch nicht empfehlenswert. Das vermittelt den unguten Eindruck einer Cliquenwirtschaft.

Die allermeisten Menschen haben meiner Erfahrung nach mit klaren Regeln auch gar kein Problem. Sie wissen lieber, woran sie sind, als im Dunkeln zu tappen und hinterher völlig überraschend kritisiert zu werden. Außerdem: ***Verhaltensregeln gibt es in jedem Unternehmen, ohne Ausnahme und auch in den vermeintlich besonders lockeren.*** In den meisten Firmen werden solche Regeln nur nicht offen ausgesprochen. Dort regieren ungeschriebene Gesetze, die man erst kennenlernt, wenn man dagegen verstößt. Dann doch lieber gleich Klartext! Natürlich müssen Unternehmensregeln sinnvoll sein, sie müssen zur Branche passen und auch zu den Menschen, die dort arbeiten. Sie müssen sich im Alltag bewähren und von den Mitarbeitern akzeptiert werden. Alles andere wäre Willkür. Du musst die Spielregeln für dein Unternehmen also selbst finden und mit deinen Mitarbeitern und Mitarbeiterinnen besprechen.

Unsere Spielregeln für mehr Effizienz im Unternehmen

Im Folgenden einige Vereinbarungen, die sich bei uns bewährt haben – als Anregung: Du musst für dein Unternehmen eigene entwickeln. Denn eins ist sicher: ***Wenn du mit deiner Firma richtig Geld verdienen willst, brauchst du beides: gute Arbeit und gute Stimmung!***

Regel 1: Beast-Mode bis 13 Uhr

Bis mittags wird bei uns rangeklotzt und nicht gequatscht. Für diesen »Beast-Mode« habe ich mich stark gemacht, als ich erkannte, wie ansteckend schlechte Laune ist und wie viel Zeit bei morgendlichen Aufwärmrunden am Kaffeeautomaten draufgeht. Wir sind keine KiTa-Gruppe, in der man erst gemeinsam in den Tag startet, nachdem jeder ausführlich erzählen durfte, was ihm am Wochenende oder am Abend vorher alles zugestoßen ist. Wenn nur einer der Mitarbeiter sich am Frühstückstisch gestritten hat oder mit dem falschen Fuß aufgestanden ist, wabert bald miese Laune durch das ganze Büro. A ist schlecht gelaunt und pflaumt B an; B beklagt sich bei C; C erinnert sich an ein ähnliches Erlebnis mit D letzte Woche und so weiter und so fort. Also einigten wir uns auf die Regel für morgens: Kaffee ja, privater Austausch nein. Nicht vor 13 Uhr. Mittags hat sich das Stimmungstief dann meist verzogen. Neue Mitarbeiter finden diese Regel zuerst merkwürdig. Das hält aber nur zwei bis drei Tage an. Spätestens an Tag vier stellen sie fest, dass es sich so viel entspannter arbeitet und noch dazu mehr dabei herauskommt.

Regel 2: Auszeit ab 17 Uhr

Wir hatten immer die neueste Playstation im Büro. In einem Frisiersalon oder einer Restaurantküche wäre das wahrscheinlich kein Pluspunkt. Für eine junge IT-Mannschaft ist es definitiv einer. Gespielt werden durfte aber erst ab 17 Uhr. Die Gründe für diese Regel kannst du dir vermutlich denken.

Regel 3: Bring mir keine Probleme. Bring mir Lösungen!
Wenn du eines als Chef unbedingt vermeiden musst, dann ist das »Monkey-Business«. Wenn ein Mitarbeiter oder eine Mitarbeiterin ein Problem hat, kannst du dir dieses Problem bildlich als Affen vorstellen, der auf der Schulter hockt. Die meisten Mitarbeiter versuchen zuerst, ihren Affen im Büro des Chefs abzugeben. Fällt der darauf herein – etwa, weil er sich als überlegener Problemlöser in seinem Ego geschmeichelt fühlt – turnt irgendwann eine ganze Affenhorde kreischend im Chefbüro herum, während seine Angestellten sich fröhlich pfeifend in den Feierabend verabschieden. Preisfrage: Was läuft hier falsch?

Die Metapher vom »Monkey-Business« stammt aus einem berühmten Artikel von William Oncken und Donald L. Wass unter dem Titel »Management Time: Who's Got the Monkey?« Der Text von 1974 ist bis heute lesenswert.[27] Der Ratschlag von Oncken und Wass lautet im Kern, Mitarbeiter mitsamt ihrem Affen wieder aus dem Büro zu komplimentieren und eigene Lösungsvorschläge einzufordern. Das gilt auch für Affen, die auf dem Flur oder in der Kaffeeküche unauffällig von der Schulter des Mitarbeiters auf die Schulter des Chefs oder der Chefin hüpfen, sobald der Mitarbeiter sagt: »Chef, ich hab' da ein Problem ...«, und der Chef sich das geduldig anhört. Bei uns lautete und lautet die Spielregel: »Bring mir keine Probleme – bring mir Lösungen!« Du wirst merken, dass du plötzlich viel weniger Affen, sprich Arbeit, hast. In deinem Büro kehrt Ruhe ein. Das schließt nicht aus, dass du in Ausnahmefällen weiterhin nicht nur als Sparringspartner, sondern als Problemlöser gefragt bist. Aber das sind dann eben Ausnahmen. Und nur zur Erinnerung: Du hast Mitarbeiter, damit du Aufgaben delegieren kannst. **_Wenn Mitarbeiter oder Mitarbeiterinnen Probleme an dich delegieren, stellt sich eine Frage: Wer ist hier eigentlich der Boss?_**

Regel 4: Mobile Office nach zwei Jahren im Unternehmen
Spätestens nach zwei Jahren im Unternehmen trennt sich die Spreu vom Weizen. Mitarbeiter, die sich wohl fühlen mit den

Jobinhalten, dem Arbeitstempo und dem Team, bleiben. Die anderen haben das Unternehmen verlassen, oder ich habe mich von ihnen getrennt, weil die Arbeitsergebnisse einfach nicht stimmen. Übrigens: Viele Chefs und Chefinnen unterschätzen, wie sehr es die guten Leute frustriert, wenn sie andauernd die Versäumnisse der weniger guten ausbaden und nacharbeiten müssen. Oder wenn sie sehen, dass jemand, der halb so viel leistet, das gleiche Gehalt bekommt. ***Wer aus Konfliktscheu niemandem kündigen mag, kündigt indirekt den besten Mitarbeitern.*** Die haben nämlich auch anderswo Chancen und suchen das Weite, wenn es ihnen zu bunt wird.

Im IT-Business trifft man wahre Nachteulen und viele Nerds, die gar nicht merken, dass Sonntag oder Feiertag ist, wenn sie sich in eine Aufgabe verbissen haben. Unabhängig von der Corona-Pandemie handhaben wir die Arbeitszeit daher sehr flexibel. »Mobile Office« bedeutet: 40 Prozent der Zeit ist man im Büro, die restlichen 60 Prozent arbeitet jeder, wo und wann es ihm oder ihr passt. Dabei verlasse ich mich darauf, dass das Kernteam sich untereinander koordiniert. Wer mindestens zwei Jahre im Unternehmen ist, hat dieses Vertrauen in der Regel verdient. Ich bin immer wieder erstaunt, zu welcher Zeit tolle Arbeitsergebnisse entstehen – zum Teil auch nachts oder bei einer Wochenendsession, ohne dass das mit mir abgestimmt werden muss. Und das gilt dann eben auch für den Ausflug an den Baggersee an einem Mittwochnachmittag oder die Tour mit dem Mountainbike am Morgen.

Delegieren nach dem Prinzip Gewinn/Verlust

Wenn du nicht rund um die Uhr rotieren willst, musst du kontinuierlich Aufgaben an andere übertragen – entweder an dein Team oder an externe Dienstleister (Outsourcing). Mach dir klar, wie viel deine eigene Arbeitsstunde wert ist, und dann frag dich, ob es wirklich sinnvoll ist, dass du selbst diese Aufgabe erledigst.

Ein Geschäftsführer oder eine Geschäftsführerin putzt ja auch nicht das Büro, sondern bezahlt jemanden dafür. Warum beschäftigst du dich dann mit der Bestellung eines neuen Kopierers oder mit einer Reklamation, bei der es um weniger als 200 Euro geht? Delegieren ist für mich eine reine Gewinn-Verlust-Rechnung: ***Was bringt am Ende am meisten fürs Unternehmen?*** Du könntest in der gewonnenen Zeit neue Schlüsselkunden gewinnen oder eure Geschäftsstrategie optimieren, statt im Operativen zu versumpfen.

Besonders schwer fällt es erfahrungsgemäß, sich von Lieblingsaufgaben zu trennen – Aufgaben, die du früher gern selbst erledigt hast oder die dich interessieren. Das ist verständlich, wirtschaftlich gesehen häufig aber Unfug. Es erinnert mich an einen Effekt bei Privatleuten, die ein Haus bauen. Um ein paar Euro zu sparen, erledigen sie in Eigenleistung Arbeiten, die sie vorher noch nie gemacht haben, anstatt zwei, drei Stunden länger in ihrem eigentlichen Job zu arbeiten und dort ein Mehrfaches zu verdienen. Als Unternehmerin oder qualifizierter Angestellter verdienst du immer mehr als ein Handwerker. Zwei deiner Überstunden ergeben das Doppelte an bezahlter Handwerksarbeit. Du bist unterm Strich also doppelt so effektiv, und der Handwerker erledigt die Arbeit, die du ihm abnehmen wolltest, sehr wahrscheinlich nicht nur besser, sondern auch noch schneller als du.

Ich erfasse seit Jahren alles, was ich täglich tue, in einer Excel-Tabelle. Klingt vielleicht ein wenig zwanghaft, hat aber dazu geführt, dass ich heute nur noch maximal drei Tage in der Woche mit dem Agenturgeschäft befasst bin. Donnerstag und Freitag sind weitgehend für meine unternehmerische Kreativität reserviert, wie zum Beispiel für Lesen, Recherche, Strategie, neue Ideen, Investments. Ich habe mich langsam, aber sicher freigeschaufelt, denn sobald eine Aufgabe, die mich 15 Minuten kostet, mehrfach in meiner Excel-Tabelle auftaucht, überlege ich, wer das für mich erledigen kann. Viele Führungsaufgaben habe ich außerdem nach und nach in die Hände meines Co-Chefs

Sebastian gelegt. War ich bei Adzoom noch der »Papa für alles« und ständig gefragt, organisiert sich mein heutiges Team bei Finest Audience weitgehend selbst und bindet mich nur dann ein, wenn es mich braucht. Das schreibt sich schnell. Es hat aber etliche Jahre und einige Lernprozesse gebraucht, bis ich so weit war. Zur Erinnerung: Finest Audience ist bereits meine fünfte alleinige Unternehmensgründung und sechszehnte Gründung mit Beteiligung.

In Summe bedeutet all das: Delegiere Arbeit an Mitarbeiter, die du dafür angestellt hast, und schenke ihnen Vertrauen. Nur so können sie wachsen. Die Leistungsträger unter ihnen gehen obendrein motivierter ans Werk, wenn du ihnen Freiräume gibst. Bei Finest Audience habe ich beispielsweise den ganz zentralen Bereich des Zielemanagements mittels OKR an einen durchsetzungsfähigen und bestens organisierten Mitarbeiter übergeben. Robert kriegt das bestens hin, sogar besser, als ich das könnte. Danke, Robbi! Und falls es dich interessiert, was »OKR« ist: Das kannst du weiter unten in diesem Kapitel nachlesen.

Du kannst niemanden motivieren

Es ist ein Märchen, dass du als Arbeitgeber deine Mitarbeiter und Mitarbeiterinnen motivieren musst. Das ist schlicht unmöglich. Wer seinen Job hasst, weil er nur deswegen Informatik studiert hat, weil ihm das damals von der Arbeitsagentur geraten wurde, den wirst du auch durch ein schickes Büro, Tischkicker und ein paar Urlaubstage mehr nicht zum Fan seiner Arbeit machen. Das Gleiche gilt für Menschen, die durch Prägung oder Charakter wenig leistungsorientiert sind und deren eigentliches Leben grundsätzlich erst nach Feierabend beginnt. ***Suche lieber motivierte Mitarbeiter, als Schnarchnasen motivieren zu wollen.***

Während das mit dem Motivieren schwierig ist, geht das Gegenteil, Demotivieren, leider ziemlich einfach. Dazu musst du deine Mitarbeiter und Mitarbeiterinnen nur übersehen, unfair behandeln, gelegentlich anschreien, schlecht bezahlen oder durch deine eigene Sprunghaftigkeit und mangelnde Organisation zur Verzweiflung treiben. In der Motivationspsychologie spricht man traditionell von Hygienefaktoren, die erfüllt sein müssen, damit Menschen einigermaßen ungestört ihrer Arbeit nachgehen. Dazu zählte der Arbeitspsychologe Frederick Herzberg schon vor Jahrzehnten neben angemessenem Gehalt und Führungsstil gute Beziehungen zu Kollegen und Vorgesetzten sowie akzeptable Arbeitsbedingungen. Im Krankenhaus führt Hygiene dazu, dass Patienten sich nicht zusätzliche Krankheiten einfangen. Im Job führen Hygienefaktoren dazu, dass motivierte Menschen nicht die Lust an der Arbeit verlieren. Mit anderen Worten: Hygienefaktoren werden im Grunde als selbstverständlich vorausgesetzt. Man bemerkt sie erst, wenn sie fehlen. »Motivatoren« im Sinne Herzbergs dagegen steigern den Wert der eigenen Arbeit für den Einzelnen. Dazu zählen beispielsweise Eigenverantwortung, spannende Arbeitsinhalte und Entwicklungsmöglichkeiten im Unternehmen.[28]

Ich musste erst lernen, dass man Mitarbeiter nicht einfach laufen lässt und nur aktiv wird, wenn es Probleme gibt. Als Chef bist du mitverantwortlich für die Weiterentwicklung deiner Leute. Heute sitzen wir zweimal die Woche im Team zusammen und bringen uns gegenseitig bei Projekten auf den neuesten Stand. Dabei kann ich gleichzeitig Wissen weitergeben und Mitarbeiter und Mitarbeiterinnen schulen. Und ich bekomme rechtzeitig mit, wenn jemand reif ist für den nächsten Schritt und mehr Verantwortung übernehmen kann.

Ohne Deadlines geht es nicht

Weil ich neue Prozesse selbst aufsetze und ausprobiere, kann ich sie strukturiert an Mitarbeiter übergeben und weiß auch, wie viel Zeit für die Umsetzung ungefähr einzuplanen ist. Vielleicht kennst du das Parkinsonsche Gesetz, zu dessen Fans auch Unternehmergrößen wie Jeff Bezos oder Elon Musk zählen sollen. Das Gesetz lautet: »Arbeit dehnt sich in genau dem Maß aus, wie Zeit für ihre Erledigung zur Verfügung steht.«[29] Anders gesagt: ***Je mehr Zeit ist, desto länger dauert es, eine Sache zu erledigen.*** Wenn alle sehr viel zu tun haben, kann man zum Beispiel in einem dreißigminütigen Meeting mehr regeln als sonst in drei Stunden. Das Gleiche gilt für Projekte: Egal wie großzügig der Zeitrahmen bemessen ist, am Ende wird es doch immer hektisch. Eigenartig, oder? Aus dieser Falle kommst du nur durch realistische Deadlines heraus. Zu großzügige Planung ist reine Zeitverschwendung – die überschüssige Zeit wird einfach verdaddelt. Wir haben daher jedes Projekt mit einem präzisen Zeitplan (Fertigstellung und Meilensteine) versehen.

Der Schöpfer dieser berühmten Wendung, Cyril Northcote Parkinson, war übrigens ein britischer Historiker, der sich über die Ineffizienz der Bürokratie lustig machte. Er hat noch mehr satirische Gesetze erfunden, unter anderem das der Trivialität: »Die auf einen Tagesordnungspunkt verwendete Zeit ist umgekehrt proportional zu den jeweiligen Kosten.« Nur für den Fall, dass im nächsten Meeting wieder ellenlang über das Restaurant fürs nächste Abteilungsessen diskutiert wird …

Führen lernst du nicht im Seminar

Führen ist wie Schwimmen. Du lernst es durch Führen, nicht durch Theorie. Gleichzeitig ist Führen sehr persönlich. Jeder führt anders, abhängig von der Persönlichkeit, den eigenen Führungserfahrungen, der Branche und der Unternehmenskultur beziehungsweise dem Umgangston dort. Würde ich in meinem Unternehmen so führen wie der Fleischermeister in der Großmetzgerei, in der ich als Student jobbte, stünde ich bald allein da. Würde umgekehrt der Fleischermeister es mit meiner Art zu führen versuchen, stünden die Bänder bald still oder es gäbe Verletzte. Insofern ist der Nutzen von Führungsstilen, Motivationstheorien, Kommunikationstrainings und Ähnlichem begrenzt. Viel ist schon gewonnen, wenn du als Chef eindeutig sagst, was du willst, und machst, was du sagst. Sei ein positives Vorbild. Taten sagen mehr als Worte. Das klingt banal, ist in der Umsetzung aber nicht immer einfach: Verhalte dich selbst so, wie du es von deinen Mitarbeitern und Mitarbeiterinnen erwartest. Und fang nicht an zu zweifeln, wenn Leute das Unternehmen verlassen. ***Auf Dauer bleiben die, die zu dir passen – im guten wie im schlechten Sinne.***

Die Dinge geregelt kriegen
Systeme schaffen

Wer als Solo-Unternehmer in die Selbstständigkeit gestartet ist, kennt das Problem: Es gab eine Zeit, in der du buchstäblich alles selbst geregelt hast. Sonst war ja keiner da. Dann wurde es für dich allein zu viel, und du hast die ersten Leute eingestellt. Mitarbeiter Nummer eins schaute sich alles von dir ab, und die Zusammenarbeit klappte auf Zuruf. Mitarbeiter Nummer zwei wurde von Nummer eins eingearbeitet. Doch je mehr Menschen zum Unternehmen stießen, desto mehr Schnittstellenprobleme gab es plötzlich – Missverständnisse, Doppelarbeit, Versäumnisse. Zuruf und Improvisation mögen im Zweierteam funktionieren, danach wächst der Reibungsverlust mit jedem weiteren Mitarbeiter. Irgendwann führt dann kein Weg mehr an der Erkenntnis vorbei: Dein Unternehmen braucht geregelte Abläufe. Das ist manchmal ein schmerzhafter Prozess, denn ***um Zeit zu sparen, musst du erst einmal Zeit investieren.*** Dies ist kein Buch über Managementmethoden. Trotzdem hier ein paar Tools, die mir geholfen haben.

Die gute alte Checkliste

Gähn du nur – für wiederkehrende Aufgaben geht trotzdem nichts über Checklisten. Welche Informationen brauchen wir von einem Kunden, um ein Angebot zu schreiben? Welche technischen und sonstigen Voraussetzungen müssen beim Kunden vorliegen, damit unsere Onlinemarketingmaßnahmen greifen können? Welche Dinge müssen erledigt sein, damit eine neue Mitarbeiterin an ihrem ersten Arbeitstag nicht vor einem leeren Schreibtisch steht? Es gibt in jedem Unternehmen Dutzende von Aufgaben, die sich mit einer Checkliste schneller und zuverlässiger erledigen lassen, vom monatlichen Getränke-Einkauf bis zu den Daten, die in einen Kundenauftrag oder Vertrag gehören. Immer, wenn du bei einer regelmäßig wiederkehrenden Sache an eine Reihe von Einzelpunkten denken musst, ***schreib eine Checkliste. Dein Gehirn ist zu schade für solchen Routinekram.*** Spar deine Energie für anspruchsvollere Aufgaben. Checklisten halten dir den Kopf dafür frei, und sie machen es neuen Mitarbeitern leichter, sich im Unternehmen zurechtzufinden. Auf einer solchen Checkliste steht bei uns zum Beispiel, was mit einem Text passieren muss, bevor er unser Haus verlässt: »Tanja segnet alles ab.« Als Pressefrau kennt sie sich mit Sprache und Rechtschreibung bestens aus. Einen der wenigen Wutanfälle in meinem Unternehmerleben bekam ich, als ein Mitarbeiter einen Newsletter an alle unsere Kunden rausschickte, bei dem schon in der Betreffzeile zwei Rechtschreibfehler waren. Wie sollten wir namhafte Kunden für uns gewinnen, wenn wir selbst so stümperhaft auftraten? Der Mitarbeiter hatte Glück, es war Freitagabend und er bereits im Wochenende. Bis zum Jour Fixe am Montag hatte ich mich halbwegs beruhigt, und es gab nur noch die gelbe Karte.

Prozessbeschreibungen

Während Checklisten wie eine Einkaufsliste alle Einzelpunkte aufführen, an die bei einer Aufgabe gedacht werden muss, helfen Prozessbeschreibungen, komplexere Aufgaben effizient und in der richtigen Reihenfolge zu erledigen. In jedem Unternehmen gibt es eine Vielzahl von Prozessen von der Bearbeitung von Kundenanfragen bis zur Rechnungstellung. Zentrale Prozesse in meiner Agentur sind beispielsweise die Planung von Onlinemarketingmaßnahmen, deren Abstimmung mit dem Kunden, die effiziente Durchführung der Aktionen und die kontinuierliche Erfolgsmessung. Diese übergeordneten Prozesse setzen sich jeweils aus einer Reihe von Einzelprozessen zusammen, zum Beispiel für Social-Media-Kampagnen und dort wiederum für die einzelnen Medien, wie etwa dem Posting eines Beitrags bei Facebook und Instagram. Auch das Copywriting (Texte verfassen) und die richtige Verkaufspsychologie, der passende Zeitpunkt und das perfekt abgestimmte Bild oder Video inklusive Storyline sind Prozessbestandteile, die in eine sinnvolle Reihenfolge gebracht werden müssen.

Wer einen Prozess möglichst optimal gestalten will, muss ihn im ersten Schritt erfassen und beschreiben. Die Kernfrage dazu lautet: *Was* passiert *wann*, *wie* und *durch wen* in *welcher* Reihenfolge? Da ich Dinge gern ausprobiere, bevor ich sie im Unternehmen einführe, habe ich es mir anfangs zur Gewohnheit gemacht, wichtige Prozesse selbst zu dokumentieren. Alternativ kann ein erfahrener Mitarbeiter das tun, und zwar derjenige, der die Arbeitsaufgabe offenbar besonders gut im Griff hat und sie effizient erledigt. Einen Ablauf stellst du am besten mit einem Flussdiagramm dar, das die einzelnen Schritte in eine chronologische Reihenfolge bringt und mit Pfeilen verbindet. Alternativ kannst du auch mit Post-its auf einem Whiteboard arbeiten, jeden Schritt auf einen Klebezettel notieren und diese so lange versetzen und ergänzen, bis alles stimmt. Oder du nutzt gleich eine geeignete Software dafür. Wir arbeiten zum Beispiel mit asana, einem Projektmanagement-Tool, das es ermöglicht, Projektstände übersichtlich zu dokumentieren. Das mag zunächst kompliziert und sehr technisch klingen, ist aber die Basis für ein gut funktionierendes Unternehmen. ***Die Dinge regeln sich nicht von selbst. Du musst sie regeln.*** So schärfst du deine Säge, wie in der Geschichte vom Waldarbeiter weiter oben empfohlen.

Viele Abläufe sind bei uns heute durchgeplant. Für andere Aufgaben gibt es digitale Schablonen. Das gilt beispielsweise für den Bau von Websites, für die vorprogrammierte Muster eingesetzt werden, die dann individuell mit Bildern, Headlines und Texten gefüllt werden. Niemand bei uns fängt beim Bau einer Seite bei null an. Er folgt vielmehr einem durchdachten Prozess, der Fehler minimiert und uns schneller zum Ziel führt. Schon Azubis können auf diese Weise wertvolle Vorarbeit leisten. Andere Prozesse sind automatisiert, wodurch wir ebenfalls enorm viel Zeit sparen. Zu verdanken haben wir das Dima, einem Kollegen, der sich da reingefuchst hat und inzwischen einfach ein Ass im digitalen Marketing und Tracking ist. Er hat zum Beispiel zusammen mit Sebastian unser E-Mail-Marketing perfektioniert und viele andere Arbeitsgänge zeitsparend programmiert – wie etwa den Rechnungsversand nach erfolgreichem Telefonverkauf unserer Leistungen. So können die Verkäufer mit wenigen Klicks den Versand einer Auftragsbestätigung beziehungsweise Rechnung auslösen. All das zusammen macht unser kleines Team enorm produktiv. Zugegeben: ***Es ist ein langer Weg, bis alles wie am Schnürchen läuft. Halte durch, es lohnt sich!*** Eine Alternative gibt es nicht, es sei denn, du willst im täglichen Chaos versinken und dich mit permanenter Improvisation über Wasser halten.

Ein Muttertag mit fatalen Folgen

Häufig zeigen dir leider erst Pannen, wo du einen Prozess aufsetzen oder optimieren musst. Ich erinnere mich deutlich, wie wir für den Launch eines komplexen Produktes eine intensive Werbekampagne schalteten. Die Gesamtkosten aller Maßnahmen beliefen sich auf stolze 80 000 Euro. Höhepunkt war ein kostenloses und sehr aufwändiges Webinar. Zunächst griff unsere Werbung, es meldeten sich zahlreiche Interessenten an. Doch am Event-Tag waren plötzlich viele nur kurz im Webinar und die meisten verließen die Veranstaltung kurz vor 12 Uhr mittags. Einige schrieben: »Ich muss jetzt weg, wir sind zum

Essen verabredet« oder Ähnliches. Solche Nachrichten gab es reichlich. Was war passiert? Nichts, wir hatten nur nicht in den Kalender geschaut. Der Sonntag im Mai, an dem wir unser Webinar veranstalteten, war ausgerechnet ... Muttertag. Eine Vielzahl der Teilnehmer war inzwischen offenbar an ihre familiären Pflichten erinnert worden. Und wer will es sich schon mit seiner Mutter oder seiner Frau verderben? Wir retteten das Projekt, indem wir das Webinar aufzeichneten und abends ab 21 Uhr per Video für weitere 48 Stunden zugänglich machten. Zum Glück sind wir digital unterwegs und konnten so den Schaden minimieren. Ein traditioneller »Tag der offenen Tür«, wie ihn viele Unternehmen veranstalten, wäre dagegen ein Totalausfall gewesen. Seitdem gilt bei uns für die Planung solcher Launches das Vier-Augen-Prinzip; außerdem wird die fertige Planung in unserem Montagsmeeting gemeinsam kurz geprüft. Und von diesem Prozess rücken wir auch in Stresszeiten nicht ab.

Eine Prozessbeschreibung lohnt sich natürlich nur für wiederkehrende, regelmäßige Aufgaben. Für die Organisation deines zehnjährigen Firmenjubiläums wirst du kein Ablaufprotokoll anlegen (lassen). Für den wöchentlichen Rechnungslauf schon. Bei der Dokumentation eines Prozesses werden automatisch Schwachstellen und Unklarheiten sichtbar, ***Prozessbeschreibungen führen zu Prozessoptimierungen.*** Idealerweise werden sie regelmäßig überprüft und verbessert. Viel ist schon gewonnen, wenn du dich bei Pannen zukünftig fragst, ob ein einmaliges menschliches Versagen die Ursache war – *nobody's perfect* – oder ob der Fehler im System liegt.

Die OKR-Methode

»OKR« steht für »Objectives and Key Results«, also für Ziele und Schlüsselergebnisse. Es handelt sich dabei um ein Managementsystem, das der Intel-Chef Andy Grove entwickelte und mit dem Google seit 1999 arbeitet. Damals hatte der Internet-Gigant nur 40 Mitarbeiter und Mitarbeiterinnen. OKRs funktionieren nicht nur in großen Organisationen, können aber offenbar dazu beitragen, eine kleine Firma großzumachen. Die Kernidee von OKR ist, Unternehmen durch die fortlaufende Einigung auf aktuell relevante Ziele und die Zuordnung von eindeutigen Erfolgsparametern auf das eigentlich Wichtige zu fokussieren und ergebnisorientiertes Arbeiten zu unterstützen. Ausgehend von einer übergeordneten Unternehmensvision formuliert jede Abteilung in der Regel zwei bis maximal fünf *Objectives* für einen überschaubaren Zeitrahmen, meistens für drei Monate. Jedem dieser Ziele werden dann, so die Empfehlung von OKR-Experten, zwei bis vier *Key Results* zugeordnet. Die Ziele und Schlüsselresultate sind für jeden im Unternehmen einsehbar, sodass für alle transparent ist, wohin das Unternehmen steuert.[30]

OKR ist ein leicht verständliches Zielesystem. Bei konsequenter Umsetzung weiß jeder im Unternehmen, welche Aufgaben aktuell im Fokus stehen. Du verzettelst dich weniger leicht auf Nebenschauplätzen, weil du dich, egal ob Mitarbeiter oder Chefin, immer fragen kannst: Trägt das, was ich gerade tue, zur Erreichung dieser Ziele bei? Gut durchdachte OKRs verhindern außerdem, dass das Unternehmen mit zu vielen Vorhaben überfrachtet wird. Wenn es zu viele Baustellen gibt, geht am Ende gar nichts voran. Und wenn keine konkreten Ziele formuliert sind, passiert das Gleiche.

So weit die Theorie. ***Der Erfolg einer Methode steht und fällt immer mit der Durchführung.*** Ich habe einen erfolglosen Anlauf gebraucht, um einzusehen, dass ich selbst keine Idealbesetzung dafür bin, ein OKR-System nach dessen Einführung dauerhaft am Laufen zu halten. Dafür braucht es diszipliniertes Dranbleiben im Alltagsgeschäft. Ich selber beschäftige mich aber lieber mit neuen Aufgaben, als laufende Prozesse zu organisieren und zu überwachen. Deswegen bin ich froh, dass ein Mitarbeiter diese zentrale Aufgabe übernommen hat. Robert plant und taktet unsere OKRs in Zusammenarbeit mit dem Team komplett durch. Ich nehme an den Planungsmeetings teil, bin aber außer bei der vorherigen Abstimmung der groben Richtung weitgehend Zuschauer. Das entlastet mich enorm. Niemand hindert dich daran, meinem Beispiel zu folgen – außer deinem Ego vielleicht. ***Es ist ein großer Vorteil für dich als Unternehmer, wenn du nicht immer den Big Boss spielen musst.*** So bekommst du Kopf und Kalender frei für andere Aufgaben.

Wichtig für den Erfolg der Methode ist natürlich auch die Qualität der OKRs. Lautet die Unternehmensvision »Wir sind die führende Agentur für Onlinemarketing im DACH-Raum«, könnten Quartalsziele beispielsweise lauten:

- Wir steigern unseren Bekanntheitsgrad bei Kunden mit mehr als 100 Millionen Euro Jahresumsatz.
- Wir gewinnen weitere Kunden in der Schweiz.

Während qualitative *Objectives* allgemein die Richtung weisen, in die gearbeitet werden soll, enthalten *Key Results* immer konkrete Zahlen – sie sind quantifiziert. Für das zweite *Objective* könnten *Key Results* für das nächste Quartal beispielsweise sein:

- Wir erreichen mit einer Marketing-Kampagne mindestens 1000 Unternehmen in der Schweiz, sammeln also mindestens 1000 qualifizierte Adressen potenzieller Kunden (»Leads«) ein.
- Wir führen drei Webinare für Schweizer Kunden durch.
- Wir werben für unser Unternehmen durch zwei Präsenzvorträge vor mindestens 100 Unternehmensvertretern.

OKRs sind stärker im Unternehmensalltag verankert als die klassischen Jahresziele und daraus abgeleitete Zielvereinbarungen, mit denen in vielen Unternehmen traditionell gearbeitet wird. Richtig eingesetzt, sind OKRs ein Kompass für die tägliche Arbeit. Anders als die üblichen Zielvereinbarungen sind sie auch nicht an Boni oder Gehalt gekoppelt. Wenn eine Gehaltserhöhung davon abhängt, ob die mit dem Chef oder der Chefin vereinbarten Jahresziele erreicht werden, wird ein kluger Mitarbeiter oder eine kluge Mitarbeiterin immer tiefstapeln, um die Zielmarke zuverlässig zu toppen. OKRs dagegen sollen bewusst ambitioniert sein, und auch ein Zielerreichungsgrad von 70 Prozent gilt bereits als Erfolg.

Vom Allesbestimmer zum Dienstleister der Mitarbeiter

Wie gesagt: Jede Methode ist nur so gut wie ihre Anwendung. »A fool with a tool is still a fool.« – Ein Narr mit einem guten Werkzeug bleibt immer noch ein Narr. Er beschleunigt möglicherweise nur seinen Untergang. Es kommt darauf an, Methoden und Routinen zu etablieren, die für dein Unternehmen passen. Für uns funktionieren OKRs inzwischen sehr gut. Aber es war ein langer Weg dahin. Bei Adzoom schaffte ich solche Systeme nur in Ansätzen. Ich löschte viele kleine Brände, bevor ich mir endlich Gedanken darüber machte, wie sich verhindern lässt, dass überhaupt Feuer ausbricht. Und es brauchte noch länger, bis ich klug genug war, einem geeigneten Mitarbeiter die Verantwortung für das OKR-Management zu übertragen. Mein Führungsverständnis hatte sich inzwischen weiterentwickelt: vom Chef, der alles im Blick und im Griff haben will, zu einer Führungskraft, die Aufgaben abgeben kann und im Wesentlichen den Rahmen dafür setzt, dass ihre Mitarbeiter erfolgreich arbeiten können. Kurz gesagt: ***Ich wurde vom »Papa für alles« zum Dienstleister für meine Mitarbeiter und Mitarbeiterinnen,*** nach der Devise: »Ihr macht und sagt mir, was ihr braucht.« Wenn du qualifizierte, engagierte und gut bezahlte Mitarbeiter beschäftigst, wäre es doch dumm, ihr Potenzial nicht zu nutzen!

Die Rettung im Alltag
Fokus und Reduktion

Es gibt neben den vorgestellten Managementinstrumenten viele nützliche Methoden, die dir als Unternehmer oder Angestellter helfen, deine Arbeitsaufgaben besser in den Griff zu bekommen: SMART, ALPEN, WOOP ... Dass Ziele »smart«, also **s**pezifisch, **m**essbar, **a**mbitioniert, **r**ealistisch und **t**erminiert, sein sollen, wird in unzähligen Seminaren gelehrt. Leider wird es weit seltener konsequent umgesetzt. Bewährt hat sich für mich persönlich die ALPEN-Methode, die der Zeitmanagementexperte Lothar Seiwert erfunden hat und mit der du deine tägliche Produktivität erhöhen kannst. »Alpen« steht für **A**ufgaben notieren, **L**änge einschätzen, **P**uffer einplanen, **E**ntscheidungen priorisieren, **N**achkontrollieren. Nach diesem Muster plane ich am Vorabend möglichst den folgenden Tag. Danach gehe ich entspannt ins Bett und vermeide die Volkskrankheit der Schlaflosigkeit. ***Planung beruhigt und sorgt dafür, dass du leichter abschalten kannst.***

WOOP wiederum setzt sich zusammen aus *Wish – Outcome – Obstacle – Plan.* Dahinter verbirgt sich eine einfache Methode der mentalen Selbstführung. Statt wie beim klassischen positiven Denken allein auf die Kraft der Zuversicht zu setzen, führst du dir bei WOOP das gewünschte Endergebnis (*Outcome*) nachdrücklich vor Augen, vergegenwärtigst dir aber auch mögliche Hindernisse (*Obstacles*) und fasst anschließend einen Plan, wie dein Wunsch Realität werden kann. Studien belegen, dass Menschen mit diesem einfachen Vorgehen ihre Ziele signifikant öfter erreichen.[31] WOOP zwingt dich, deinem inneren

Schweinehund ins Auge zu blicken und dir zu vergegenwärtigen, welche Steine (*Obstacles*) er dir in den Weg rollen wird. So kannst du ihn eher an die Kette legen.

Selbstmanagement statt Selbstbetrug

Warum erzähle ich dir all das: Es geht bei all diesen Methoden um Selbstmanagement – also um den bewussten Umgang mit sich, seinen Plänen und seiner Zeit. ***Es geht darum, sein Leben aktiv und bewusst zu gestalten, statt Gewohnheiten zu folgen, ohne groß nachzudenken.*** Das ist ein Level der Lebensführung, das nur sehr wenige Menschen erreichen. Die meisten pendeln ihr Leben lang zwischen vertrauten Routinen und guten Vorsätzen hin und her. Es kostet ja auch Überwindung, alte Verhaltensmuster aufzugeben und neue anzunehmen. Unser Gehirn ist von Natur aus faul. Es denkt sich lieber hundert Gründe aus, eine Veränderung zu blockieren, als einen einzigen Grund, gleich damit anzufangen, weil es danach es ja erst mal richtig anstrengend würde für unsere grauen Zellen. Dabei ist gutes Selbstmanagement einer der wichtigsten Faktoren für deinen Erfolg. Nur wenn du dich selbst gut führst, kannst du auch andere führen. Wenn du schon mal einen Chef hattest, der launisch, entscheidungsscheu und unorganisiert war, weißt du, wovon ich spreche. Sei offen und prüfe, was dir am meisten bringt. Wenn du ohnehin superdiszipliniert und planvoll unterwegs bist, brauchst du WOOP vielleicht nicht. Aber vielleicht hilft dir ALPEN dabei, öfter Nein zu sagen und so einen drohenden Burn-out abzuwenden.

Im Grunde geht es beim Selbstmanagement darum, sich selbst gut zu kennen und seinen Tag entsprechend zu gestalten. Wann ist deine produktivste Zeit? Wann kannst du am besten nachdenken? Wenn das der Vormittag ist, solltest du wichtige Aufgaben in diese Zeit legen und ihn nicht mit Routinetätigkeiten verdaddeln. ***Schaff dir bewusst ablenkungsfreie Zeit.***

Kein anderer wird das für dich tun. Ich arbeite zu 90 Prozent bis mittags im Flugmodus und auch mit einem »Nicht stören«-Schild vor der Tür, das bedeutet ungestört von Mails und Anrufen, eben im Beast-Mode. Du wirst staunen, wie viel du in dieser Zeit schaffst. Auch die Excel-Tabelle, in der ich täglich meine Tätigkeiten notiere, um Zeitfresser zu lokalisieren, ist ein Selbstmanagement-Instrument. So zeichnet sich schnell ab, welche Aufgaben ich zukünftig delegieren sollte. Sparst du auf diese Weise jeden Tag nur eine halbe Stunde Zeit, sind das in einer Arbeitswoche zweieinhalb Stunden, im Monat rund zehn Stunden und im Jahr 120 Stunden. Wenn du konsequent handelst, kannst du dir drei Wochen zusätzlichen Sommerurlaub gönnen oder drei Wochen an deiner Business-Strategie arbeiten, statt Kleinkram zu erledigen. Und das wiederum kann dein Unternehmen entscheidend nach vorn bringen. Außerdem habe ich mir angewöhnt, vor und nach längeren Terminen jeweils eine Stunde Puffer einzuplanen. So kann ich mich vorab einstimmen und gerate nicht in Stress, wenn ein Gespräch oder Meeting einmal länger dauert.

Von Brian Tracy, einem US-Erfolgstrainer, stammt der wertvolle Tipp, die wichtigste und häufig auch unangenehmste Aufgabe gleich morgens zu erledigen: »Eat that Frog«[32], nannte er das, in Anlehnung an ein Bonmot von Mark Twain: »Eat a live frog first thing in the morning and nothing worse will happen to you the rest of the day.« – »Wenn du morgens als Erstes einen lebenden Frosch isst, wird dir den Rest des Tages nichts Schlimmeres mehr passieren können.« Am liebsten schieben wir unangenehme Aufgaben vor uns her, was nur dazu führt, dass wir uns den ganzen Tag nicht richtig konzentrieren können und insgesamt weniger produktiv sind.

In Summe bedeutet all das: ***Entwickele eine Tagesroutine, die dir erlaubt, deine Zeit optimal zu nutzen.*** Geh lieber früher nach Hause und widme dich deiner Familie, gönn dir Muße oder mach Sport, als Zeit nutzlos zu vertrödeln. Dennoch wirst du auch bei konsequentem Selbstmanagement feststellen, dass du niemals alles schaffen kannst, was du vielleicht tun möchtest. ***Aufgaben sind wie Sand: Sobald du unten etwas wegschaufelst, fließt von oben etwas nach.*** Wirklich Herr deiner Zeit wirst du nur, wenn du konsequent Dinge *nicht* mehr tust: durch Weglassen.

Fokus entsteht durch Weglassen

Das Prinzip, das mich am meisten vorangebracht hat, war: mehr Fokus. Fokus bedeutet: sich auf die Dinge zu konzentrieren, die wirklich wichtig sind. Viele Menschen kennen das Eisenhower-Prinzip, das Aufgaben entlang der Koordinaten »wichtig« und »dringend« (im Sinne von eilig) einordnet. Das ergibt Aufgaben, die ...

... wichtig und dringend sind,
... wichtig, aber nicht dringend sind,
... dringend, aber nicht wichtig sind, und
... weder dringend noch wichtig sind.

So weit, so schön. Doch was entscheidet über den Grad von Wichtigkeit? Als Unternehmer habe ich auf diese Frage eine ganz einfache Antwort: ***Wichtig ist, was Umsatz bringt und den wirtschaftlichen Erfolg des Unternehmens sichert.*** Lange Zeit habe ich immer wieder die Kategorien »dringend« und »wichtig« verwechselt. Vieles wird im Alltag künstlich dringend gemacht und die Versuchung ist groß, dort Aufmerksamkeit zu investieren, wo jemand am lautesten schreit und eine Entscheidung einfordert. Aber dringend ist eben nicht wichtig. Über die Anschaffung neuer Computer kann auch noch nächste oder übernächste Woche entschieden werden. Der potenzielle neue Großkunde dagegen braucht sein Angebot heute, wie zugesagt. Das ist wirklich wichtig (und dringend).

Die heikelste Kategorie sind die Aufgaben, die wichtig, aber nicht dringend sind. In diesem Feld befinden sich beispielsweise grundsätzliche strategische Entscheidungen, Innovationen oder auch persönliche Standortbestimmungen. Nichts davon ist so zeitsensibel oder dringend, dass es unbedingt heute oder morgen oder nächste Woche passieren muss. Und genau das führt oft dazu, dass wichtige Aufgaben bis zum Sankt-Nimmerleins-Tag vertagt werden. Ich habe mich viele Jahre lang im Alltagsgeschäft bis zur Erschöpfung verausgabt. Dabei verschob ich richtungsweisende Entscheidungen – zum Beispiel die, mein Unternehmen so aufzustellen, dass ich keine 16-Stunden-Tage mehr hätte. Dazu gehört konsequentes Delegieren aller Aufgaben, die dringend, aber nicht wichtig sind. Und für die letzte Kategorie – weder dringend noch wichtig – gibt es ***eine ganz einfache Lösung: den Papierkorb.***

Beim konsequenten Weglassen hilft dir daneben das bekannte Pareto-Prinzip, auch als 80/20-Regel bekannt. Wenn du genau hinschaust, wirst du feststellen: 80 Prozent deines Umsatzes werden durch ungefähr 20 Prozent deiner Projekte verursacht. Das Verhältnis kann auch 85/15 oder 70/30 sein. Es geht hier nicht um Statistik, sondern um eine Erkenntnis, die dein Leben verändern kann: Aufwand und Ertrag sind nicht proportional zueinander, sondern ungleich verteilt. Was spricht dagegen, dass du dich auf die 20 Prozent Hauptumsatzbringer konzentrierst und die anderen Projekte konsequent weglässt? Und was wird passieren, wenn du noch radikaler vorgehst und von diesen 20 Prozent wiederum die 20 Prozent identifiziert, die den größten Umsatz machen? Dann bist du bei den 4 Prozent deiner Projekte, die 80 Prozent von 80 Prozent – also 64 Prozent und damit fast zwei Drittel! – deines Gesamtumsatzes einbringen. Machst du diese wenigen Projekte zu deinem Arbeitsschwerpunkt, wirst du sehr schnell riesige Fortschritte machen und erheblich mehr Geld verdienen. »Pareto hoch zwei« wird dir daneben unweigerlich die Augen öffnen, auf welche Projekte du dich zukünftig einlassen solltest und auf welche nicht.

Manchen Menschen fällt es schwerer als anderen, unwichtige Mails, Fragen oder Bitten einfach zu ignorieren. Das kann an einem Helfersyndrom liegen, auch daran, dass jemand sehr harmonieorientiert ist und Konflikte scheut. Oft liegt es aber am persönlichen Kontrollbedürfnis. Dann hilft es, wenn du dich erinnerst, wie viele Dinge sich von selbst regeln, sobald du eine gewisse Zeit offline und nicht erreichbar bist. Ich hoffe, das ist ab und zu der Fall, damit du deine Batterien wieder aufladen kannst, beispielsweise im Urlaub. ***Wenn deine Firma keine zwei Wochen ohne dich auskommt, ist sie falsch organisiert.*** Meist ist es ohnehin eher so, dass der Unternehmer nicht ohne seine Firma leben kann, während die Firma ganz gut eine ganze Weile ohne den Unternehmer auskommt. Mein aktuelles Unternehmen – Finest Audience – hat es beispielsweise problemlos verkraftet, dass ich Ende 2021 über zwei Monate aufgrund einer schweren Covid-Erkrankung ausfiel. Okay, es gab eine kleine Umsatzdelle. Hätte meine Abwesenheit gar nichts geändert, hätte das mein Ego schon angekratzt. Aber wenn ich ganz ehrlich bin, könnte der zwischenzeitliche moderate Umsatzrückgang ebenso gut der allgemeinen Kundenverunsicherung aufgrund der Corona-Pandemie geschuldet gewesen sein wie meiner Abwesenheit. Ich bin stolz darauf, dass mein Team selbstorganisiert arbeitet und Lösungen findet.

Das liegt auch daran, dass ich mich immer mehr auf die strategischen Aufgaben konzentriert habe, die tatsächlich Chefsache sind, und schon früh auf die, die mir wirklich Freude machen. In den Anfangsjahren von Adzoom habe ich beispielsweise jeden Freitag von 8 bis 14 Uhr die Finanzbuchhaltung erledigt. Das half mir, ein Gefühl für die Zahlen zu bekommen. Vergnügungssteuerpflichtig war das nicht. Als ich irgendwann wieder über den Büchern hockte, wurde mir klar, dass ich jeden Monat 24 Stunden Zeit gewinne, wenn ich halbtags eine Buchhalterin einstelle. Deren Gehalt würde ich durch den Mehrwert, den ich in drei Arbeitstagen schaffen könnte, locker wieder reinholen. Gesagt, getan und nie bereut. Eine korrekte Buchführung war wichtig, aber problemlos delegierbar.

Menschen haben unterschiedliche Stärken und Vorlieben. ***Für jede Tätigkeit, die du hasst, gibt es jemanden, der das gerne macht,*** das super kann und engagiert erledigt, wenn du ihn angemessen dafür bezahlst. Und wer, wenn nicht du als Selbstständiger, könnte seinen Arbeitsalltag so gestalten, dass er seinen eigenen Stärken und Neigungen folgt? Such dir Mitarbeiter, die komplementäre Stärken und Vorlieben haben, und du wirst die Erfahrung machen, dass eins plus eins tatsächlich drei ergeben kann. Und solltest du angestellt arbeiten, mach deine Chefin darauf aufmerksam, wo du am meisten für sie leisten kannst. Wenn sie ihre Position verdient hat, wird sie dich mittelfristig dort einsetzen.

Fokus schärft deine Positionierung

Sobald du beginnst, dein Tun als Unternehmer durch die Umsatzbrille und zusätzlich durch deine »Stärkenbrille« zu betrachten, wird dein Angebotsspektrum automatisch schrumpfen. Du wirst dich auf bestimmte Dienstleistungen, bestimmte Produkte und bestimmte Kundengruppen fokussieren. Und das ist gut so. ***Wer wird besser bezahlt: der Allgemeinarzt oder die Chirurgin?*** Wer hat mehr Erfolg dabei, zahlungskräftige Kunden anzusprechen: die x-te Tuning-Werkstatt im Landkreis oder der bundesweit unangefochtene Spezialist für die besten Auspuffanlagen im Tuning-Bereich? Es gehört zum kleinen Einmaleins der Positionierung: Experten und Expertinnen sind in allen Branchen wirtschaftlich erfolgreicher als Generalisten.

Während eines längeren Aufenthaltes in Dubai traf ich einen Unternehmer, der mit Maßanzug, teurem Aftershave und superteurer Uhr das Musterbild eines Erfolgsmenschen verkörperte. Der Ersteindruck bröckelte schnell, als er mir erzählte, wo er überall aktiv war: Veranstaltungen und Events, Real Estate (Immobilien) und dazu noch im Anlagegeschäft. Überall hatte er seine Finger drin, nichts davon wirkte zu Ende gedacht und größere Erfolge hatte er offenbar bislang nicht vorzuweisen. Ich war nicht überrascht, als er mich ein paar Wochen später um einige Tausend Euro anpumpte – angesichts seiner angeblichen Erfolge eine geradezu lächerliche Summe. Der Typ war einfach ein Blender, der mein Misstrauen gegen Schwadronierer und vermeintliche Alleskönner bestätigte. Wirklich erfolgreiche Unternehmer treten meistens zurückhaltend auf. Von ihnen wirst du eher Sätze hören wie »X machen wir nicht mehr; wir konzentrieren uns jetzt voll auf Y.« Solche Unternehmer haben auch keine Scheu, sich von Kunden zu trennen, die nicht mehr zu ihrem Profil passen. Ein gefragter Anlageberater beispielsweise, der sich auf Privatkunden mit mindestens einer halben Million Euro Anlagesumme konzentrieren will, wird weniger Vermögende, ohne zu zögern, an Kollegen abgeben und dafür seine Expertise im Bereich größerer Vermögen ausbauen. Und er hat mit Sicherheit keinerlei Interesse, nebenbei noch Events zu managen.

Fokussierung ist der Schlüssel zum finanziellen Erfolg. Besser ein drängendes Problem für eine klare Zielgruppe lösen als 20 verschiedene Probleme für alle und niemanden. Wenn du dieses Thema vertiefen möchtest, empfehle ich dir, dich näher mit der »Engpasskonzentrierten Strategie« (EKS) zu beschäftigen, die genau das propagiert und vertieft.[33] Auch meine Dienstleistung hat sich im Laufe meines Unternehmerlebens mehr und mehr verengt, von Agenturleistungen für verschiedene Branchen und Unternehmensgrößen über Agenturleistungen nur noch für umsatzstarke Unternehmen bis hin zur führenden Expertise im Social-Media-Marketing. Und auch dort haben wir uns weiter spezialisiert. Wir sind heute die Nummer 1, wenn es darum geht, bestimmte Plattformen optimal zu nutzen. Das lässt sich in einem Claim zusammenfassen: »Steigere deinen Gewinn durch effektive Facebook-, Instagram-, Google- und

YouTube-Werbung.« So steht es auf unserer Website, und davon leben wir sehr gut (und unsere Kunden auch). »Das wohl effektivste Online-Marketing-Weiterbildungsprogramm im gesamten DACH-Raum«, wie es ebenfalls auf unserer Homepage heißt[34], könnten wir aber nicht anbieten, wenn wir zusätzlich noch auf Tausend anderen Hochzeiten tanzen würden.

Wer dich wirklich weiterbringt
Mentor versus Coach

Manchmal habe ich den Eindruck, jeder, der drei Bücher zu einem Thema gelesen hat, nennt sich heute »Coach«. Der Begriff ist nicht geschützt. Es gibt über 300 Coaching-Ausbildungen und geschätzt 30 000 Coaches in Deutschland.[35] Da liegt es nahe, dass sich darunter auch etliche Scharlatane tummeln. Natürlich gibt es auch fähige Coaches. Was mich aber grundsätzlich stört, ist, dass ein Coach in der Regel einen anderen Erfahrungshorizont hat als sein Klient. In den seltensten Fällen kennt er die Situation seines Kunden aus eigener Anschauung. Genau das unterscheidet ihn von einem Mentor.

Frag lieber jemanden, der dir zehn Schritte voraus ist

Am meisten habe ich in meinem Leben von Menschen gelernt, die bereits dort waren, wo ich hinwollte. Schon im Studium besuchte ich Unternehmertreffen, auf denen Gäste zugelassen waren. Die anderen Teilnehmer dort waren mindestens zehn bis 20 Jahre älter als ich. Mich interessierte, wie sie leben, wie sie ihr Business managen und wie sie Probleme angehen. Bei einem Frühstückstreffen des BNI (Business Network International)[36] lernte ich zum Beispiel einen 80-jährigen Unternehmer kennen, der mich ganz schnell überzeugte, dass es ein Kardinalfehler ist, auf zehn Hochzeiten tanzen zu wollen. Später hatte ich das Glück, mit einem Geschäftspartner zu arbeiten, der älter war als ich und bereits über unternehmerische

Erfahrung verfügte. Von ihm bekam ich unzählige wertvolle Tipps, unter anderem in Sachen Mitarbeiterführung. Er warnte mich beispielweise, dass ich mir das Leben unnötig schwer mache, wenn ich älteren Mitarbeitern gleich das Du anbiete. Und er zeigte mir, dass es im Business auf *Speed of Implementation*, also auf Umsetzungsgeschwindigkeit, ankommt. Ohne diesen Geschäftspartner wäre ich vermutlich nicht da, wo ich heute bin.

Ein Coach und ein Mentor nehmen unterschiedliche Rollen wahr. Ein Coach unterstützt dich bei der Suche nach Antworten. Er oder sie folgt der im Coaching verbreiteten Maxime, dass Klienten »ihre« Lösung eigentlich schon mitbringen und man als Coach nur der Geburtshelfer dafür ist, indem man die richtigen Fragen stellt. Die wahren Blender unter den Coaches versprechen dir leider für viel Geld rasche Erfolge, ohne wirklich den Weg zu deinem Ziel zu kennen. Dann wird das Coaching zum Experiment mit ungewissem Ausgang. Auf konkrete Fragen bekommst du vorgestanzte Gegenfragen, und wenn es nicht klappt, hast du selbst den schwarzen Peter: Du hast einfach nicht richtig mitgearbeitet! Ein Mentor ist viel direkter und sagt dir unverblümt, was er von einer Sache hält. Er urteilt auf der Basis eigener konkreter Erfahrungen. Weil er den Weg schon gegangen ist, der noch vor dir liegt, weiß er aus eigener Anschauung, wo die Sackgassen sind und die Fallstricke liegen. ***Gute Mentoren und Mentorinnen zeigen dir die Abkürzungen.*** Und das ist für mich als Unternehmer hundertmal wertvoller als nebulöse Fragespiele.

Wo du die besten Mentoren triffst

Ich hatte in meinem Berufsleben unzählige Mentoren. Kennengelernt habe ich sie beim Sport, auf Netzwerktreffen, bei Seminaren, in Unternehmerzirkeln, in den VIP-Lounges von Vortragsveranstaltungen und in hochpreisigen Mastermind-Gruppen. Wenn du einmal den Wert von Mentoren erkannt hast, wirst du auf jedem Treffen automatisch nach Business-Vorbildern Ausschau halten. Und du wirst einen Blick dafür entwickeln, ob eine Veranstaltung sich für dich wirklich lohnt. ***Wenn dir kein Name auf der Teilnahmeliste etwas sagt, bleib zu Hause.*** Du würdest dort wahrscheinlich nur Menschen treffen, die von dir lernen wollen, und selbst ohne neue Impulse nach Hause gehen. Eine Ausnahme ist, falls du spannende Vortragende kennenlernen könntest. Darauf achte ich bis heute: Werde ich für Vorträge angefragt, sage ich nur zu, wenn mich die anderen Redner interessieren. Nur meine eigene Botschaft loszuwerden, ohne selbst etwas mitzunehmen, das reizt mich nicht.

Auch beim Knüpfen von Kontakten gilt eine alte Regel: ***Was nichts kostet, ist nichts wert.*** Deswegen sind hochpreisige Events interessanter als günstige. Bei 50 Euro Eintritt tummelt sich jedermann, zwischen 500 Euro und 5 000 Euro Eintrittsgebühr triffst du erfolgreiche Geschäftsleute. Bei 50 000 Euro versammelt sich die Spitzengruppe. Um diese Exklusivität zu garantieren, bewegen sich die Kosten für interessante Mastermind-Gruppen auch auf diesem Level. Damit kaufst du dann nicht nur etliche Veranstaltungstage mit wertvollem Input und meist zusätzliche Video-Backups ein, sondern auch ein unbezahlbares Netzwerk, das dich geschäftlich entscheidend voranbringen wird. In meiner eigenen Mastermind-Gruppe sehen wir uns dreimal im Jahr für drei Tage und daneben wöchentlich zwei- bis dreimal bei Zoom. Dabei gibt es ein straffes Programm, aber auch Gelegenheit zum Austausch. Und bis heute gewinne auch ich selbst bei jedem dieser Treffen Erkenntnisse, weil sich hier ausschließlich sehr erfolgreiche und ehrgeizige Unternehmer treffen. Man sollte nie aufhören, von anderen zu lernen. ***Wer glaubt, schon alles zu wissen, lebt gefährlich*** – nicht nur im Business. Wenn ich selbst nicht die Zeit habe, ein interessantes Treffen zu besuchen, schicke ich inzwischen jemanden in meinem Auftrag dorthin, der hinterher den wichtigsten Output für mich zusammenfasst.

Du hast vielleicht schon bemerkt, dass ich den Begriff »Mentoring« anders verwende als Personalfachleute. Die verstehen unter einem Mentor oder einer Mentorin üblicherweise eine erfahrene Führungskraft, die eine Nachwuchskraft über längere Zeit begleitet und ihr in sämtlichen relevanten Fragen beisteht. Großunternehmen organisieren dafür formelle Programme, zum Teil auch über Unternehmensgrenzen hinweg (»Cross Mentoring«). Mein Rat lautet dagegen: ***Such dir nicht einen Mentor. Such dir viele.*** Ein Mentor ist kein Guru, der all deine Probleme für dich lösen wird. Jeder Mentor hat besondere Stärken, aber auch blinde Flecken. Der eine gibt dir nur eine einzige, aber sehr wertvolle Erkenntnis mit auf den Weg, die andere kennt sich in einem Business-Bereich umfassend aus und kann dir viele wertvolle Tipps dazu geben. So habe ich von einem Mentor in Sachen Führung gelernt, von einem anderen in Sachen Business-Strategie, von einem dritten beim Thema Selbstmanagement. Manchmal ist es nur ein einziger Satz, der wie ein Blitz der Erkenntnis bei dir einschlägt und dein Denken verändert. Für mich war beispielsweise Hermann Scherers Warnung vor den »Sonderangeboten des Lebens« so ein Hammersatz, der mich vor einigen Fehlentscheidungen bewahrt hat. Ihm verdanke ich es, dass ich Aufträge gemieden habe, die zwar kurzfristig Geld in die Kasse gespült, mich aber von meinen eigentlichen Zielen entfernt hätten.

Aus all dem folgt, dass nicht nur Menschen, sondern auch Bücher, Videos oder Podcasts eine Mentorenfunktion haben können. Du musst nicht Tausende Euro bezahlen, um einem bekannten Managementvordenker zuhören zu können. Du kannst seine Bücher lesen, ihre Videos anschauen oder dir anhören, welche Kernbotschaft er oder sie in einem der berühmten 18-minütigen TED-Talks verbreitet, getreu dem TED-Motto »Ideas worth spreading« – Ideen, die es wert sind, verbreitet zu werden.[37] ***Keiner muss dumm sterben, auch dann nicht, wenn man (noch) wenig Geld hat.*** Mir haben beispielsweise die Bücher von Stephen Covey und darunter vor allem sein Klassiker *Die 7 Wege zur Effektivität* die Augen in Sachen Selbstmanagement geöffnet.[38] Und ich hoffe natürlich, dass mein Buch in einigen Fragen für dich ein Augenöffner sein wird.

Ob jemand in einer Phase deines Berufs- oder Unternehmerlebens zum Mentor oder Mentorin für dich taugt, erkennst du schlicht daran, ob er oder sie in einem für dich wichtigen Bereich nachweislich große Erfolge vorzuweisen hat. »An ihren Früchten sollt ihr sie erkennen«, heißt es schon in der Bibel.[39] Vor hohlen Werbesprüchen und unbewiesenen Behauptungen sei damit gewarnt. Verlass dich lieber auf Referenzen, auf Zahlen und auf Empfehlungen von Menschen, denen du vertraust.

Wie du Kontakte anbahnst

Manche Menschen kommen von einer Netzwerkveranstaltung zurück und waren nur stumme Zeugen. Sie haben niemanden kennengelernt oder allenfalls ein paar Sätze mit alten Bekannten gewechselt. Glaub mir, ich weiß, wie es ist, wenn man sich auf einem Treffen fühlt wie das Mauerblümchen in der Tanzstunde mit 15. In meiner Anfangszeit als Unternehmer wollte ich mich nicht blamieren und hatte Hemmungen, jemanden anzusprechen. Was konnte ich als Jungunternehmer schon bieten? Irgendwann wurde mir klar, ***dass es viel stärker darauf ankommt, sich für den anderen zu interessieren, als selbst interessant zu sein.*** Was jemanden zu dieser Veranstaltung geführt hat, was sein Business ist und was ihn daran reizt – das sind Einstiegsfragen, die fast immer funktionieren. Wofür interessiert er sich, was sind seine Hobbys? Oft ergaben sich darüber Berührungspunkte. Gelegentlich habe ich mich mit jemandem zum Fahrradfahren oder Badminton verabredet, um den Betreffenden besser kennenzulernen. Nach ein paar Treffen fiel es dann leicht zu sagen: »Du, ich habe eine Frage zu einem Bereich, da bist du schon zehn Mal weiter als ich.« Eine andere Strategie, mit der du eine Ausgangsbasis für vertiefte Kontakte schaffst: Überlege, ob du dem anderen einen Gefallen tun kannst. Nützliche Hinweise, die sich aus deiner Expertise ergeben, organisatorische Aufgaben im Rahmen eines formellen Netzwerkes, persönliche Empfehlungen, die Vernetzung mit interessanten Gesprächspartnern – die Möglichkeiten sind zahlreicher, als du denkst.

Je besser dein Standing als Unternehmer ist, desto einfacher wird es für dich, mit anderen ins Gespräch zu kommen. Aber auch schon vorher werden erfolgreiche Menschen bereitwillig ihr Wissen mit dir teilen, wenn du ihnen höflich und wertschätzend begegnest. Um Rat gefragt zu werden, schmeichelt dem Ego. Auf die Frage »Ich habe gesehen, dass Sie im Bereich XYZ super erfolgreich sind – wie haben Sie das geschafft?« wirst du nur selten eine Abfuhr erhalten. Wie in vielen Lebensbereichen kommt es auch hier auf dein Mindset an. Wenn du von Neid oder Missgunst getrieben bist statt von aufrichtigem Interesse und Bewunderung, wird dein Gegenüber das spüren und sich nicht öffnen. Viele Menschen reden sich eigene Misserfolge ja dadurch schön, dass sie unterstellen, »die Reichen« hätten alle Dreck am Stecken. Klar, und die Erde ist eine Scheibe! Wenn du selbst erfolgreich werden willst, begegne Erfolgsmenschen positiv und profitiere von ihrem Wissen und ihren Erfahrungen.

Heute gehe ich sehr offen auf potenzielle Kontakte zu: »Ich habe dein Video zum Thema ... gesehen. Super Content. Ich bin ... und mein Business ist ... Zu deinem Video hätte ich noch ein paar Fragen. Hast du Lust, dich mit mir in der Mittagspause zusammenzusetzen?« Oder: »Cooles Interview, das du neulich im Podcast von ... gegeben hast. Wollen wir uns in einer Kaffeepause dazu einmal austauschen?« Ich überlege mir vor einem Event genau, wen ich kennenlernen möchte und warum, und deswegen habe ich einen Gesprächsaufhänger. ***Gute Vorbereitung ist der halbe Erfolg.*** Nur Stümper glauben, dass sich Dinge einfach ergeben. In den seltenen Fällen, in denen jemand keine Lust oder keine Zeit hat, tausche ich zumindest Kontaktdaten aus. Ich verrate dir gerne meinen Satz, der immer Erfolg hat und super ankommt: »Dann gib mir doch deine E-Mail-Adresse, dann können wir uns vernetzen und vielleicht mal zoomen. Und dann halten wir ganz locker Kontakt.« Gegen eine »lockere« Vernetzung hat niemand etwas. Eigentlich ganz simpel, oder? Oft ergibt sich dann doch mehr daraus.

Wendepunkt
Mein Kopf will durch die Wand, mein Körper kann nicht mehr

Schau dir einen Hamster an, der wie ferngesteuert im Laufrad rennt: Der bekommt nichts mehr mit von seiner Außenwelt. Dem ist egal, ob die Sonne scheint oder ob es regnet; ob leckeres Futter auf ihn wartet; ob die Käfigtür offensteht oder nicht. So ähnlich ging es mir Anfang 2016. Seit Monaten plagten mich Bauchschmerzen, Nackenschmerzen, Kopfschmerzen. Mal abwechselnd, mal alles gleichzeitig. Ich brauchte einfach eine Pause. Am Gründonnerstag schloss ich die Haustür auf und verkündete: »Schatz, ich bleibe vier Tage zu Hause!« Dann wurde mir schwarz vor Augen. Als ich nach einigen Sekunden wieder zu mir kam, lag ich auf dem Boden und bekam kaum Luft. Meine Frau beugte sich schreckensbleich über mich. Noch bevor der Notarzt eintraf, übergab ich ihr meine Kreditkarten samt PINs und die Kontaktdaten meines Finanzberaters. Ich war überzeugt, einen Herzinfarkt zu haben, und war in dem Moment tatsächlich unsicher, ob ich dazu später noch Gelegenheit haben würde.

More money, more problems

Ganz so schlimm war es dann doch nicht. Der Notarzt diagnostizierte eine Panikattacke: »Sie sind völlig überarbeitet!« Er gab mir ein Beruhigungsmittel. Danach schlief ich vier Tage lang mehr oder weniger durch. Kein Ostereiersuchen mit den Kindern, kein Familienessen, kein Spaziergang in der Sonne. Ich kam kaum aus dem Bett. Meine naive Hoffnung, danach wäre alles wieder gut, erfüllte sich nicht. Ich hatte weiterhin Schmerzen, war chronisch müde, konnte mich schlecht konzentrieren. Statt in mich zu gehen, rannte ich von Arzt zu Arzt, vom Hausarzt zum Internisten, von dort zum Orthopäden und zurück. Keiner konnte etwas finden. Organisch war ich völlig gesund. Schließlich überzeugte mich meine Frau, zu ihrer Osteopathin und Naturheilkundlerin zu fahren. Eigentlich hielt ich das für Hokuspokus. Aber was hatte ich zu verlieren? Die Dame diagnostizierte dann aufgrund eines Laborbefundes eine Histamin-Intoleranz, die für meine Kopf- und Bauchschmerzen mitverantwortlich sein könne. Hervorgerufen sei sie vermutlich durch andauernden Stress. Daneben bescheinigte sie mir eine krasse Überarbeitung. Aha. Allmählich musste ich das wohl akzeptieren.

Wie konnte es so weit kommen? Ich habe in diesem Kapitel viele meiner Learnings mit dir geteilt – einige von vor meinem Zusammenbruch und einige, die später noch hinzukamen. Was ich nicht im Detail mit dir geteilt habe, war der oft schmerzvolle Weg dahin. Wer will schon seitenweise lesen von Schlafstörungen und von 14- bis 16-Stunden-Tagen? Von finanziellen Sorgen, von Mitarbeitern, die das Handtuch werfen oder wochenlang durch Krankheit ausfallen? Oder auch von Kunden, die erst nach der dritten Mahnung oder gar nicht zahlen? Das kennt fast jeder Unternehmer, nur redet fast keiner darüber. Nach außen sind alle super erfolgreich, und ein Indianer kennt bekanntlich keinen Schmerz.

Im Nachhinein haben dieselben Eigenschaften, die mich erfolgreich gemacht haben, auch zu meinem Zusammenbruch geführt: hart arbeiten, nicht aufgeben, durchhalten. Weitermachen, auch wenn es wehtut. Das kennt jeder ambitionierte Sportler, jeder ehrgeizige Mitarbeiter und erst recht jeder erfolgreiche Unternehmer, der ein Business von Grund auf aufgebaut hat. Mit diesem Verhaltensmuster bringt man es in der Regel ziemlich weit. ***Man darf nur den Zeitpunkt nicht verpassen, an dem man aus dem Hamsterrad aussteigen sollte,*** wenn man sich den Kollaps ersparen will. Diesen Zeitpunkt hatte ich ignoriert.

Zu der Zeit hatte ich monatliche Fixkosten in Höhe von 50 000 Euro. Die Firma war auf 20 Mitarbeiter und Mitarbeiterinnen in Teil- und Vollzeit angewachsen. Zu den Gehältern kamen Büromiete und Nebenkosten, daneben weitere Betriebsausgaben von Ausstattung und Weiterbildung bis zum Marketing. Das Hamsterrad, das ich bewegte, war über die Jahre immer größer geworden. Bei der Organisation der Firma hatten wir zwar Fortschritte gemacht, doch sie war alles andere als perfekt. Nur nebenbei: Das wird sie nie. Es gibt immer etwas zu verbessern. Auch heute noch. Ich delegierte zwar mehr und mehr Aufgaben, war aber noch weit davon entfernt, einen Teil der Verantwortung an einen Co-Geschäftsführer abzugeben und das OKR-Management einem Mitarbeiter anzuvertrauen, der das besser kann als ich. Das gelang mir erst in meiner jetzigen Firma, Finest Audience. Fiel bei Adzoom jemand durch Krankheit oder Kündigung aus, versuchte ich selbst, das durch Mehrarbeit auszugleichen. Und als sei all das nicht genug, entpuppte sich unser erstes Kind als Schreibaby und schlief monatelang nicht mehr als anderthalb Stunden am Stück. Das hältst du als Eltern nur durch, wenn du dir das nächtliche Herumtragen des Säuglings aufteilst. An mehr als maximal vier bis fünf Stunden Schlaf pro Nacht war dabei aber nicht zu denken. Und ***wenn du ohnehin schon am Limit bist, genügt ein einziger weiterer Faktor, um alles zum Einsturz zu bringen:*** ein besonders schwieriges Projekt, ein Krankheitsfall in der Familie, die Kündigung eines wichtigen Mitarbeiters oder einer wichtigen Mitarbeiterin oder eben monatelanger Schlafentzug. Nichts davon ist Schuld an der Misere. Es ist nur das letzte Steinchen, ein kleines zusätzliches Gewicht, das dein Schiff zum Sinken bringt.

Im Vorzimmer des Therapeuten

Nach und nach wurde mir klar, dass es so nicht weitergehen kann. Unklar blieb, was die Alternative sein könnte. Ich war 37 Jahre alt, hatte bisher alle Hindernisse überwunden und alle Probleme in den Griff bekommen. Jetzt war ich ratlos. In so einer Situation sind Freunde und Familienangehörige eine wichtige Stütze. Sie sind aber nicht unbedingt die besten Ratgeber. »Das wird schon wieder«, »Tritt halt kürzer«, »Mach doch mal Urlaub«, all das brachte mich nicht weiter. Ich brauchte den unvoreingenommenen Blick von außen, von jemandem, der keine vorgefasste Meinung zu mir und meiner Situation hatte oder mich damit trösten wollte, das würde sich alles schon wieder einrenken. Und so fand ich mich eines Tages bei einem Kölner Psychotherapeuten wieder, der mir empfohlen worden war. Außer mir saß im Wartezimmer der Gemeinschaftspraxis eine gepflegt wirkende Frau, die ich auf Ende 40 schätzte. Sie stand ohne jede Vorwarnung plötzlich auf und begann, mit beiden Fäusten an die Wand zu trommeln. Dazu rief sie fortwährend: »Ich habe einen Konflikt, ich habe einen Konflikt, ich ...«.

Ich bekam einen Kloß im Hals. Wo war ich hier gelandet? War ich etwa auch verrückt? Die Dame wurde eilig aufgerufen. Als ich an der Reihe war, hörte sich der Therapeut meine Geschichte geduldig an. Erstaunlicherweise klärte sich manches schon dadurch für mich, dass ich einem Fremden die letzten Jahre ausführlich vergegenwärtigte. ***Mein Leben schrumpfte im Zeitraffer auf Arbeit, Arbeit und noch mehr Arbeit zusammen.*** Am Ende war ich nicht wirklich überrascht, zum dritten Mal zu hören, ich hätte zu lange viel zu viel gearbeitet. Ich erfuhr außerdem, nicht die Arbeit an sich mache krank, sondern der damit verbundene Frust – Frust, der sich einstellt, wenn du das Gefühl hast, immer mehr zu arbeiten, ohne dafür angemessen belohnt zu werden. Dass mein Körper irgendwann streikte, sei kein Wunder: ***»Ihr Kopf will durch die Wand, aber ihr Körper kann nicht mehr.«*** Der Rat des Psychologen: »Sie brauchen eine echte Ruhepause, und zwar Monate, nicht Wochen. Sie müssen sich völlig rausziehen aus dem Arbeitsalltag. Ihr Körper braucht Zeit, den jahrelangen Stress zu verarbeiten.«

Der Startschuss für mein neues Leben

Mein erster Impuls war: Das geht doch nicht! Was wird dann mit der Firma? Was mit den Mitarbeitern und Kunden? Doch wie heißt es so schön: ***Die Friedhöfe sind voller unentbehrlicher Leute.*** Die Welt dreht sich bekanntermaßen trotzdem weiter. Der Gedanke kam schnell, und er war eine ungeheure Befreiung: Ich muss gar nichts, schon gar nicht so weitermachen wie bisher. Binnen zwei Tagen verkaufte ich meine Agentur an einen Käufer, der schon vorher Interesse angemeldet hatte. Auch die zwei Porsche, die ich mir inzwischen geleistet hatte, waren schnell veräußert. Das gab mir und meiner Familie ein solides finanzielles Polster. Einige Affiliate-Seiten spülten weiterhin etwas Geld in die Kasse. In den folgenden zehn Wochen tat ich im Wesentlichen – nichts. Verglichen mit meinem durchgetakteten Leben vorher war mein Alltag beschaulich und wohltuend ereignislos. Jeden Tag ging ich mit meinem kleinen Sohn, inzwischen vier Monate alt, mindestens anderthalb Stunden spazieren. Das Schlafproblem war gelöst, seins wie unseres. Eine seltene Milchallergie war die Ursache für das permanente Weinen gewesen.

Es dauerte einige Wochen, bis meine Gedanken wieder in Richtung Arbeit wanderten. Aus der Distanz heraus erschien mir mein Verhalten in den letzten Jahren plötzlich ziemlich dumm. Ich hatte wie besinnungslos mehr und immer mehr gearbeitet, ohne jemals einen Schritt zurückzutreten und mich zu fragen, ob das alles sinnvoll ist. »Dawid, du bist so schlau und doch so blöd!«, dachte ich eines Morgens. Ich hatte meine Zeit gegen Geld getauscht und mit dem Ziel, mehr Geld zu verdienen, immer mehr gearbeitet. Dabei kannte ich den Spruch »Work smarter, not harder.« In den folgenden Wochen fasste ich einige Vorsätze, die von da an mein Unternehmertum bestimmen sollten:

- Ich mache nur noch, was mindestens das Doppelte des Einsatzes (200 Prozent ROI) einbringt.
- Ich arbeite nur noch für interessante Kunden, die über einen Bekanntheitsgrad und ein hohes Marketingbudget verfügen.
- Ich engagiere mich nur noch für Geschäfte, die skalierbar sind – bei denen mehr Ertrag nicht länger an mehr Einsatz gekoppelt ist.

Ich ging auf die 40 zu. Es war an der Zeit, die Ernte einzufahren. Will sagen: Es war höchste Zeit, die Lernerfahrungen der letzten Jahre konsequent zu nutzen und neu durchzustarten: besser, lukrativer und entspannter.

ERNTEJAHRE

MEHR ERFOLG
AUF DIE
ENTSPANNTE
TOUR

»Der Reichtum eines Menschen bemisst sich an der Zahl der Dinge, um die er sich nicht kümmern muss.«

Henry David Thoreau

Leben in Balance
Abschied vom Megastress

Vor meinem Zusammenbruch im Frühjahr 2016 arbeitete ich jahrelang 14 bis 16 Stunden täglich, heute sind es noch sechs bis acht. Früher war meine Woche komplett durchgetaktet und ich musste mir den Sonntag mühsam für die Familie freischaufeln. Heute verplane ich nur noch Montag bis Mittwoch. Donnerstag und Freitag sind für Strategie, Innovation und Investitionen reserviert. Oder für den Ausflug mit den Kindern in den Zoo, wenn das Wetter schön ist. Und von wenigen Ausnahmen abgesehen ist das Wochenende komplett arbeitsfrei.

Die Geburt eines neuen Dawid

Es heißt ja immer, die Menschen ändern sich nicht, und wenn doch, dann nur durch ein einschneidendes Erlebnis. So gesehen ***war der Burn-out im Nachhinein das Beste, was mir passieren konnte.*** Ohne dieses Ereignis würde ich heute vielleicht noch immer meine Agentur führen, wahrscheinlich mit mehr Mitarbeitern, mehr Umsatz, mehr Stress, aber kaum mehr Gewinn. Stattdessen habe ich mit Finest Audience ein neues, skalierbares Online-Business aufgebaut, das mir in weniger Zeit ein Vielfaches einbringt. Ich bin vom Unternehmer zum Investor geworden, der sein Geld durch durchdachte Anlagen und Beteiligungen vermehrt. All das wäre mir ohne den Ausstieg aus dem Agentur-Hamsterrad kaum möglich gewesen. In den Wochen nach dem Verkauf der Agentur packte ich jeden Morgen meinen kleinen Sohn in den Kinderwagen und ging mit ihm spazieren. Es gibt nichts Besseres, um seine Gedanken zu sortieren – und funktioniert auch ohne Kinderwagen. Beim Gehen können die Gedanken wandern. Meine Erkenntnis kam blitzartig, ich wunderte mich, dass ich nicht früher darauf gekommen war: ***Mit Arbeit allein kannst du nicht reich werden. Du musst strategisch denken.***

Das war die Geburtsstunde des neuen Dawid. Ab diesem Moment sammelte ich Ideen, wie ich mein Business neu aufstellen konnte. Ich hatte immer ein Diktiergerät dabei, damit wichtige Überlegungen nicht verloren gingen. Parallel dazu führte ich im Keller unseres Reihenhauses nach einigen Wochen halbtags das Affiliate-Geschäft weiter. Dort unten hatte ich meine Ruhe, und nach dem Einbau eines Fensters, mit Teppich, Heizung und Tageslichtleuchten war ein wohnliches Büro entstanden, das keine Zusatzkosten verursachte. In dieser Zeit entdeckte ich Personal Branding als Geschäftszweig. Ich wurde Affiliate-Partner namhafter Experten und Speaker wie etwa Dirk Kreuter, Hermann Scherer oder Christian Bischoff. Dabei war ich so erfolgreich, dass sich einzelne Partner für mich und meine Erfolgsstrategien zu interessieren begannen: Wer ist dieser Dawid aus Hamm, der uns so viel Geschäft einbringt? Doch vorerst war ich mit meiner Rolle im Hintergrund mehr als zufrieden. Wie es dann zu Finest Audience kam, erzähle ich dir später.

Wer viel arbeitet, hat keine Zeit, Geld zu verdienen

Das Verrückte ist: ***Ich verdiene nicht weniger, sondern mehr, seit ich aus dem Hamsterrad ausgestiegen bin.*** Dadurch, dass ich meinen selbstgebauten Arbeitskäfig verlassen habe, sehe ich Möglichkeiten, die mir früher schlicht entgangen sind. Mein Ziel ist, meine Arbeitszeit bis Ende des Jahres 2022 noch weiter auf maximal sechs Stunden täglich zu reduzieren. Ziemlich viele Zahlen. Aber ein Ziel ohne Zahl ist nur ein Traum, wie du inzwischen weißt. Wenn ich 50 bin, möchte ich mich ohne Einbußen an Lebensqualität komplett aus dem Alltagsgeschäft ausklinken. Ich werde dann nur noch mein Wissen weitergeben, Vorträge halten und mein Business strategisch voranbringen – »am« Unternehmen arbeiten statt »im« Unternehmen, wie es so schön heißt. Das alles wird nur möglich sein, wenn ich den eingeschlagenen Weg weiter konsequent verfolge, skalierbares Business mit gut überlegten Investments verbinde und talentierte Mitarbeiter durch Eigenverantwortung, Handlungsspielräume und attraktive Gehälter an mich binde. Wer finanziell unabhängig werden möchte, muss lernen, sein Geld zu vermehren, ohne seinen zeitlichen Einsatz proportional zu erhöhen. ***Zeit ist endlich, Gewinne durch kluge Investitionen sind es nicht.*** Dazu findest du im Abschnitt »Neues Denken« einige konkrete Hinweise.

Mein typischer Tag heute beginnt entspannt. Zwischen halb sieben und sieben werden die Kinder wach (inzwischen haben wir zwei Söhne). Dann stehen wir auf, machen die Kinder fertig für Schule und KiTa, frühstücken gemeinsam. Einer von uns – meistens meine Frau – fährt sie zum Unterricht und in den Kindergarten. Ich räume in der Zwischenzeit die Küche auf. Dann trinken meine Frau und ich in Ruhe noch einen Kaffee, bis jeder in seinen Tag startet. In der Regel mache ich dann eine halbe Stunde Sport im eigenen Fitnessraum, in dem Rudergerät, Laufband, Gewichte und ein Boxsack auf mich warten. Manchmal meditiere ich, mal morgens, mal abends. Dann duschen und Arbeitsbeginn. Zwischen 9 und 10 Uhr treffe ich im Unternehmen ein, wenn meine Anwesenheit dort erforderlich ist. Oft arbeite ich aber in meinem Büro zu Hause, gelegentlich schalte ich mich auch nur per Zoom zu Meetings dazu. Spätestens um 17 Uhr endet mein Arbeitstag. Dann gehe ich mit den Kindern raus, treibe Sport, gehe hin und wieder mit der Familie essen.

Das klingt schon fast langweilig, oder? In den Q&A-Runden, die ich regelmäßig auf Instagram veranstalte, werde ich jedes Mal gefragt: »Wie sieht dein Alltag aus?«, wenn kein bestimmtes

Business-Thema auf der Tagesordnung steht. Ich habe den Verdacht, in manchen Köpfen herrscht die Vorstellung, dass ich mit einem Champagnerfrühstück beginne, bevor ich im Maßanzug von einem aufregenden Deal zum nächsten jette. Doch Spannung gewinnt mein Leben nicht durch Zeitdruck und einander jagende Termine und Besprechungen – und erst recht nicht durch einen luxuriösen Lebensstil. ***Spannung gewinnt mein Leben durch neue Ideen, interessante Kooperationen und gedanklichen Freiraum.*** Und falls sich das für dich zu schön anhört, um wahr zu sein: Vergiss bitte nicht, der vergleichsweise entspannte Status quo ist das Ergebnis von zwei Jahrzehnten harter Arbeit, an deren Ende mir mein Körper die rote Karte gezeigt hat. Die Momentaufnahme von heute ist ein bisschen wie das Gipfelfoto vor blauem Himmel, bei dem alle glücklich in die Kamera strahlen. Auf diesem Foto siehst du weder Blasen noch andere Blessuren, geschweige denn Beinahe-Abstürze.

Zu mehr Lebensbalance gibt es keine Abkürzung

Die eigentlich spannende Frage ist: Hätte ich diese Entwicklung zu einem ausbalancierteren Leben beschleunigen können? Warum bin ich nicht schon fünf oder noch besser zehn Jahre früher aus dem Hamsterrad ausgestiegen? In der Vorbereitung auf dieses Buch habe ich lange darüber nachgedacht. Ich hätte mir zweifellos ein paar Umwege ersparen können, wenn ich bei Projekten öfter auf meinen Bauch gehört hätte. Und ganz sicher hätte ich die Notbremse ein paar Monate früher ziehen sollen, bevor es mich komplett ausknockte. Doch ich musste einfach auf die harte Tour lernen, dass Durchhalten nicht immer die beste Lösung ist. Die Wahrheit ist: ***Auf dem Weg zu mehr Lebensweisheit gibt es keine Abkürzungen.*** Und das ist nicht nur meine persönliche Überzeugung. Ob Philosophie, Psychologie oder auch esoterisch angehauchte Denkmodelle wie die Anthroposophie (zu deren Anhängern übrigens der geschäftlich sehr erfolgreiche dm-Gründer Götz Werner gehörte): All diese Disziplinen gehen davon aus, dass der Mensch von der Geburt bis zum Tod eine Reihe von Lebensphasen durchläuft, in denen er unterschiedliche Herausforderungen bewältigt und in denen sich parallel dazu sein Denken und seine Sicht auf das Leben verändern. Entwicklung ist nicht mit der Pubertät abschlossen. Okay, bei manchen Zeitgenossen kann man das bezweifeln, aber die klammern wir hier mal aus.

40 Jahre und ein bisschen weiser

Interessanterweise markieren die Jahre um den 40. Geburtstag in verschiedenen Lebensphasen-Modellen einen Wendepunkt. Für die Anthroposophen gliedert sich das Leben in Siebener-Schritte mit vier Hauptphasen, die sie mit »Lernen« (Kindheit/Jugend, bis 21 Jahre), »Kämpfen« (Erwachsensein, bis 42 Jahre), »Weise werden« (Reife, bis 63 Jahre) und »Weise sein« (höheres Alter) beschreiben.[40] Für Gail Sheehy, eine US-Psychologin, die in den Neunzigerjahren ein vielgelesenes Buch zu Lebensphasen veröffentlichte, sind die Dreißiger durch »Drive« gekennzeichnet, in den Vierzigern sind viele Menschen zuerst voller Power unterwegs, bevor sie häufig in eine ernste Krise geraten, die auch damit zusammenhängt, dass ihnen die eigene Sterblichkeit bewusst wird (Wie wahr!).[41] Die genannten Lebensalter sind natürlich nur eine grobe Orientierung. Wie früh man seine erste echte Lebenskrise erfährt, hängt vermutlich auch damit zusammen, wie schnell man davor unterwegs war.

- Svenja Hofert schließlich, eine erfahrene Karriereexpertin, entwickelt auf der Basis zahlreicher Gespräche mit Klienten und in Anlehnung an den Psychoanalytiker Erik H. Erikson ebenfalls ein Vierphasen-Modell des (Berufs-)Lebens:
- Die Entreephase mit der Schlüsselfrage: »Wo gehöre ich hin?«

- Die Karrierephase mit der Frage: »Wer bin ich oder will ich sein?«
- Die Integrationsphase mit der Frage: »Wie will ich leben?«
- Die Sinnphase mit der Frage: »Was soll von mir bleiben?«[42]

Aktuell bin ich in dieser Terminologie mitten in der Integrationsphase, in der das reine Erfolgs- und Karrierestreben durch ein Nachdenken über das Leben insgesamt abgelöst wird. Und mit diesem Buch mache ich schon einen Ausflug in die Sinnphase, denn ich hoffe, meine Söhne werden es einmal lesen und ein paar Denkanstöße für ihr eigenes Leben daraus mitnehmen. Und auch das Modell der Spiraldynamik passt in die beschriebene Denkrichtung. Es unterstellt auf der Basis der Persönlichkeitstheorie von Clare W. Graves Individuen wie auch Gesellschaften eine fortschreitende Entwicklung vom instinkthaften Überleben über rationales, leistungsorientiertes Gewinnstreben bis zum ganzheitlich denkenden, das Leben in all seinen Facetten wertschätzenden Dasein. Dieser Denkansatz ist sowohl in der Politik wie auch in der Personalentwicklung oft aufgegriffen worden.[43]

Alles hat seine Zeit – sich ausprobieren, ranklotzen, die Ernte einfahren

Das soll hier keine theoretische Vorlesung werden. Was ich verdeutlichen will, ist, dass wir Menschen einerseits natürlich alle unterschiedlich sind. Andererseits teilen wir aber bestimmte Bedürfnisse und bestimmte Erfahrungen, die sich mit dem Lebensalter verändern und die uns verändern – ein gewisses Maß an Selbstreflexion einmal vorausgesetzt. Idealerweise entwickeln wir uns in diesem Prozess weiter; wir werden tatsächlich aus Erfahrung klug. Es ist letztlich so, wie es die Bibel beschreibt: »Ein Jegliches hat seine Zeit, und alles Vorhaben unter dem Himmel hat seine Stunde.«[44] Wer mit Anfang 20 schon über seine Lebensbalance philosophiert und peinlich genau darauf achtet, sich nicht zu überanstrengen, beschneidet genauso seine Möglichkeiten wie jemand, der mit 15, 16 Jahren brav nur das tut, was seine Eltern für vernünftig halten. Bezogen auf das Business-Leben bedeutet das: ***Um mit Ende 30 darüber nachdenken zu können, wie ein gutes Leben für dich aussehen soll, musst du dich vorher erst einmal ausprobiert, deine Grenzen getestet, deine Stärken entdeckt haben.*** Du musst Erfahrungen sammeln, auch solche, auf die du im Nachhinein gern verzichtet hättest. Doch oft sind es genau diese Krisenerfahrungen, die dich mit mehr Abstand gesehen wirklich weitergebracht haben.

Heute ist meine Familie eine wichtige Kraftquelle für mich. Daneben ziehe ich Kraft aus den zeitlichen und gedanklichen Freiräumen, die ich mir dank meiner finanziellen Unabhängigkeit gönnen kann. Das bedeutet nicht, dass ich frühere Verhaltensmuster - ranklotzen, kämpfen, bis an die eigenen Grenzen gehen - komplett abgelegt habe. Es gibt immer noch Tage, an denen ich wieder in den Kampfmodus rutsche, zum Beispiel, wenn ein wichtiges Projekt in die Schlussphase geht. Doch das sind Ausnahmen, für die ich mich anschließend mit mehr Freizeit belohne. Und auch wenn ich mich dabei ertappe, dass ich jeden Tag eine Stunde länger am Rechner sitze, fällt mir das auf und ich ziehe die Notbremse. ***Alte Gewohnheiten, die du jahrelang gepflegt hast, sind wie Unkraut. Du musst sie immer wieder ausreißen, sonst überwuchern sie das Neue.***

Der wahre Luxus, wenn du es geschafft hast: Mehr Zeit für dich

Mit Mitte 20 weißt du noch nicht das, was du mit Mitte 30 weißt. Je älter du wirst, desto sicherer bist du, worauf es dir ankommt. Gleichzeitig verändern sich deine Prioritäten. Dass du dieses

Freiheit in der Wüste Dubai

BALMAIN
PARIS

Buch liest, lässt darauf schließen, dass Geld und Erfolg dir sehr wichtig sind. Mit Mitte 20 träumst du vielleicht vom Porsche, vom eigenen Haus oder vom Luxusurlaub auf den Malediven. Wenn du darauf mit vollem Einsatz hingearbeitet hast, fängst du mit Mitte 30 oder 40 sehr wahrscheinlich an, von mehr freier Zeit zu träumen. Mehr Zeit für dich, für deine Familie und für persönliche Interessen zu haben, das ist dann der eigentliche Luxus. Das wirst du übrigens von sehr vielen wohlhabenden Menschen hören. Gleichzeitig legen die Powerjahre davor den Grundstein für dein Vermögen. Du kannst sie nicht überspringen. Und du solltest darüber auch nicht traurig sein: Diese Jahre liefern dir das Wissen und die Erfahrungen, mit denen du anschließend auf einem höheren Level weitermachen kannst. Und sie liefern dir natürlich auch das Grundkapital, mit dem du dir ein selbstbestimmtes, finanziell freies Leben aufbauen kannst.

Liebe das Geld
Es verschafft dir Freiheit

Als wir heirateten, verdienten meine Frau und ich netto ungefähr 3 500 Euro monatlich – zusammen. Wir sind mit dieser Summe problemlos ausgekommen und waren nicht unglücklich. Wir fuhren mit dem Kleinwagen nach Holland, statt Business-Class nach Dubai zu fliegen, und wir hatten eine gute Zeit dabei. Trotzdem ist es Bullshit, dass Geld nicht glücklich macht. Geld verschafft dir Handlungsmöglichkeiten, die du ohne Geld nicht hast. Geld beruhigt tatsächlich, denn die meisten Probleme sind leichter zu lösen, wenn du Geld hast (oder sie entstehen erst gar nicht). Mit Geld kannst du dir keine Gesundheit kaufen, aber die besten Ärzte und Ärztinnen; kein Glück, aber viele Voraussetzungen dafür, glücklich und entspannt zu leben; keine Liebe, aber das coole Outfit und den Picknick-Korb fürs romantische Dinner zu zweit. ***Geld ist kein Selbstzweck, sondern ein Werkzeug.***

Geld macht doch glücklich – vor allem viel Geld!

Auch Forschungsergebnisse widersprechen der These, dass Geld nicht glücklich macht. Lange Zeit nahm man beispielsweise an, dass ab einem bestimmten Haushaltseinkommen mehr Geld nicht zu mehr Lebenszufriedenheit führen würde. Die Grenze, ab der das angeblich der Fall sein sollte, wurde bei ungefähr 60 000 Euro Jahreseinkommen angesetzt. Verantwortlich für diesen Effekt sei ein »abnehmender Grenznutzen«: Wer mehr verdiene, habe weniger Zeit für die Familie und andere Aktivitäten, sodass ein Mehrverdienst nicht zu mehr Wohlbefinden führe. Neuere Studien an der University of Pennsylvania kommen zu anderen Ergebnissen. Eine Befragung von über 30 000 erwerbstätigen Erwachsenen ergab einen Zufriedenheitsgewinn auch »weit über die Summe von 80 000 US-Dollar hinaus.« Die Erklärung dafür: Reiche Menschen hätten das Gefühl, mehr Kontrolle über ihr Leben zu haben.[45] Und auch wenn sich die amerikanische Mentalität sicher etwas von der europäischen unterscheidet: Dem kann ich nur zustimmen.

Bei Studien zum Haushaltseinkommen geht es nicht um momentane Glücksgefühle, sondern um die allgemeine Zufriedenheit. Auch ein armer Mensch kann glücklich sein über das erste Wort seines Kindes, den ersten warmen Tag nach einem langen Winter oder einen spektakulären Sonnenuntergang. Dieses Glück ist eher flüchtig – was nicht heißt, dass es unwichtig wäre, im Gegenteil. Doch neben diesem Glück des Augenblicks gibt es noch das allgemeine Glückslevel, das häufig mit Lebenszufriedenheit umschrieben wird. In dieser Hinsicht kommt das Deutsche Institut für Wirtschaftsforschung (DIW) auf der umfangreichen Datenbasis des nationalen sozio-ökonomischen Panels (SOEP) zu dem Ergebnis, dass Millionäre »deutlich zufriedener« seien als Wohlhabende, Angehörige der Mittelschicht oder ärmere Menschen. Mit anderen Worten: ***je mehr Geld, desto höher das allgemeine Glückslevel.*** Dies betrifft alle Lebensbereiche: Gesundheit, Familie, Wohnsituation, Einkommen. Geld beeinflusst also das ganze Leben positiv. Nur im Bereich Freizeit haben etwas weniger Reiche (»Wohlhabende«) vor allen anderen die Nase vorn, denn Millionäre arbeiten im Schnitt 47 Stunden pro Woche und damit rund zehn Stunden mehr als die übrigen Bevölkerungsgruppen.[46] Die ideale Kombination lautet demnach: viel Geld und trotzdem noch genug Zeit für sich. Und da sind wir beide auf dem besten Weg!

Geld ist übrigens auch der entscheidende Faktor, wenn es um die Lebenszufriedenheit im Alter geht. 2020 machte ein Team der Universität Leipzig dazu eine repräsentative Umfrage über alle Altersgruppen hinweg. Bei den über 60-jährigen hängt die Zufriedenheit entscheidend vom Haushaltseinkommen und von der Wohnsituation ab. Am glücklichsten sind demnach diejenigen Älteren, die über Wohneigentum verfügen und ein Haushaltseinkommen von mehr als 3 000 Euro pro Kopf haben. Auch mit anderen Lebensbereichen wie ihrer Gesundheit, ihrer Freizeitgestaltung und ihrer Partnerschaft sind die Menschen umso zufriedener, je mehr Geld sie zur Verfügung haben.[47] Wenig überraschend: Das Leben macht eben mehr Spaß, wenn man sich über Geld nicht viele Gedanken machen muss – einfach, weil man genug davon hat.

Ob du reich wirst, ist auch eine Frage deiner Glaubenssätze

Beim Thema Geld geht es also nicht darum, wie Dagobert Duck in Goldtalern zu baden, sondern darum, ein freies und selbstbestimmtes Leben zu führen. Das funktioniert in unserer Welt nur mit den nötigen finanziellen Mitteln, wenn du nicht wie der berühmte Philosoph Diogenes in der Tonne leben willst. Deshalb wundert es mich, dass Geld von vielen Menschen verteufelt oder zumindest unbewusst abgelehnt wird. Mach gern den Selbsttest: Beginne einen Satz mit »Geld ...«. Was kommt dir als Erstes in den Sinn?

»Geld stinkt«, »Geld verdirbt den Charakter«, »Geld ist nicht wichtig«. Es gibt unzählige solcher Glaubenssätze. Ich kann mir nicht vorstellen, dass jemand, der so denkt, aus eigener Kraft reich wird. Er müsste ja etwas anstreben, das er intuitiv ablehnt. Hierzulande bekennen sich leider nur sehr wenige offen zu dem Ziel, reich werden zu wollen. Es kommt immer besser an, wenn man die Welt zu einem besseren Ort machen will. Da nicken alle andächtig. Ich frage mich nur, warum viele der überzeugten Weltverbesserer dann im zweiten Schritt um Spenden für ihre gute Sache bitten. Dann geht es plötzlich doch wieder um Geld. Im Grunde ist es ganz simpel. ***Beim Geld ist es wie beim Beton: Es kommt drauf an, was man draus macht.***

Das Verhältnis vieler Menschen zum Reichtum in unserer Gesellschaft ist fast schon schizophren. Gib mal in der Google-Bildersuche »reiche Menschen« ein. Uralte Stereotype fluten den Bildschirm: Luxusyachten, Privatjets, Champagner, Männer mit dicker Zigarre, Frauen im Pelzmantel, teuer gekleidetes Jungvolk, das sich dem süßen Nichtstun hingibt. Nicht zu vergessen die älteren Herren, die in jedem Arm eine Blondine halten, die locker ihre Enkelinnen sein könnten. Und obwohl solche Zerrbilder des Reichtums offenbar das Denken bestimmen, spielen nach einer Allensbach-Umfrage fast 30 Millionen Menschen gelegentlich oder sogar jede Woche Lotto. Ich vermute, sie tun das nicht, um die wohltätigen Zwecke zu unterstützen, in die ein Teil der Gewinne des Lotterieunternehmens fließt.[48] Auch Quizshows wie *Wer wird Millionär?* erreichen seit vielen Jahren hohe Einschaltquoten. Offenbar träumen viele Menschen durchaus davon, reich zu werden, und das, obwohl sie die Reichen nicht mögen. Ich bin zu dem Schluss gekommen, dass da eine Menge Neid im Spiel ist.

Reich sein ist keine Schande

Niemand sollte sich dafür schämen, wenn er durch eigene Anstrengung und/oder kluge Anlagestrategien zu Geld gekommen ist. Wir leben in einem freien Land, und das meine ich sehr ernst. In meiner Familie ist das Wissen nach wie vor verankert, wie es ist, in einem Staat zu leben, der die Freiheiten seiner Bürger und Bürgerinnen willkürlich einschränkt. In einer kommunistischen Diktatur sind alle gleich, und alle sollen gleich viel (besser gesagt: gleich wenig) haben – außer den Herrschenden natürlich, die genauso privilegiert lebten wie in jeder anderen Herrschaftsform. Hierzulande dagegen steht es glücklicherweise jedem frei, welchen Beruf er anstrebt, wie viel er arbeitet und was er mit seinem Geld anstellt. Der Schulbesuch und häufig sogar ein Studium sind kostenlos. Es gibt unzählige Fördertöpfe und ein stabiles soziales Netz, zu dem höhere Einkommen über die Steuerprogression überproportional beitragen. Rund 40 Prozent des Bundeshaushaltes werden Jahr für Jahr für »Arbeit und Soziales« ausgegeben. ***Für ein schlechtes Gewissen, nur weil man reich ist oder reich werden möchte, besteht keinerlei Anlass.***

Ich kann jedem nur wärmstens empfehlen, auf die eigene finanzielle Freiheit hinzuarbeiten. Es lohnt sich! Je früher du damit anfängst, desto besser. Arbeite hart und behalte das Geld. Gib es nicht sinnlos aus für flüchtigen Konsum oder Statussymbole, mit denen du deine Freunde und Bekannten beeindrucken willst. Investiere das Geld lieber in deine Ausbildung, in deine Firma und in erste Anlageformen. Gönn dir ruhig etwas, aber erst, wenn dir die Ausgaben dafür nicht mehr wehtun. Schäme dich nicht für deinen Erfolg, sondern genieße ihn und mehre ihn. Und wenn du wirklich reich werden willst, verabschiede dich als Erstes von negativen Glaubenssätzen zum Thema Geld, die leider in vielen Familien von Generation zu Generation weitergegeben werden.

Kenne deinen Wert
Auf zum nächsten Level

Unsere Glaubenssätze sind wie Wegweiser, mit denen wir durchs Leben navigieren. Solche Wegweiser können hilfreich sein, wenn sie uns stärken und ermutigen. Wer zum Beispiel unerschütterlich daran glaubt, dass auf Regen irgendwann Sonnenschein folgt, steht Krisen leichter durch. Solche Wegweiser können aber auch einengen und unseren Aktionsradius begrenzen. Einer meiner Glaubenssätze lautete beispielsweise lange Zeit, dass ich hinter der Bühne am besten aufgehoben bin. Ein Artikel über mich im Wirtschaftsmagazin *Forbes* war mit »Der Mann im Schatten« überschrieben, und das gefiel mir zum damaligen Zeitpunkt sehr gut. Es passte zu meinem Selbstverständnis.[49]

Vom »Mann im Schatten« ins Rampenlicht

Wie kam es dazu, dass ich mich dann doch auf die Bühne traute und eine Online-Akademie gründete, die inzwischen über 5 000 Teilnehmer zählt? Dirk Kreuter, einer der bekanntesten Verkaufsexperten hierzulande, war auf mich aufmerksam geworden, weil ich wie aus dem Nichts zu seinem erfolgreichsten Affiliate-Partner geworden war. Er wollte den Mann kennenlernen, der ihm solche unglaublichen Umsatzzuwächse bescherte. Wir tauschten uns aus. Meine Erfolgsstrategien flossen in Dirks Vorträge und Videos ein. Dabei blieb ich der große Unbekannte, mein Name wurde auf meinen Wunsch hin geschwärzt. Bald schulte ich das Kreuter-Team, bei dem meine Strategien super ankamen. Und dann kam das Angebot, auf Dirks Vertriebskongress, der jährlich in mehreren Städten stattfindenden »Vertriebsoffensive«, aufzutreten: »Könntest du nicht erzählen, wie du das machst?« Ich winkte ab. Mein Platz war eben hinter der Bühne, so mein Glaubenssatz.

Glaubenssätze bröckeln am ehesten, wenn sie mit der Realität kollidieren. Auf Vortragsveranstaltungen kam ich immer wieder mit Rednern ins Gespräch, die auf der Bühne super performten. Im direkten Austausch wurde jedoch deutlich, dass dahinter nicht immer tiefgehendes Wissen stand. Das weckte meinen Ehrgeiz. Warum versteckte ich mich eigentlich, wo ich mehr über Onlinemarketing wusste als jeder andere, den ich kannte? Eine Sorge allerdings blieb: Sobald ich mich in die Öffentlichkeit traute, würde es Anfragen hageln ohne Ende. Schon jetzt erreichten mich Tag für Tag E-Mails mit Kooperationsangeboten oder mit der Bitte um Tipps hierzu und dazu. Das wollte ich auf keinen Fall weiter befeuern, denn das hätte mich zielsicher ins nächste Hamsterrad geführt. Von dieser Überlegung war es nur noch ein kleiner Schritt zu einem Onlinekurs, der die Nachfrage zeitökonomisch und noch dazu mit unbegrenzten Umsatzmöglichkeiten befriedigen würde. Warum nicht in einem Videokurs Hunderten oder sogar Tausenden erzählen, wie Onlinemarketing funktioniert, statt Einzelberatung zu bieten? Finest Audience war geboren. Inzwischen sind solche digitalen Lernangebote sehr verbreitet. Vor Jahren gehörte ich zu den Ersten, die ein solches Programm auf die Beine stellte. Die nächsten Monate war ich mit der Konzeption, dem Drehen von Videos und deren Schnitt beschäftigt. Bühnenauftritte auf Kongressen oder Seminaren wie »Marketingoffensive«, »Affiliate Offensive« und »die-contra« (eine Konferenz zu »Conversion & Traffic«) wurden so zu Marketingmaßnahmen für ein neues, wichtiges Produkt. Dasselbe galt für meine virtuelle Präsenz auf Portalen wie »KlickTipp« oder in Veranstaltungen wie der »Vertriebsoffensive« von Dirk Kreuter. Sie waren ein

Auf der Onlinemarketing-Konferenz »Contra«

Baustein zur Etablierung eines neuen Business. Das meine ich mit strategischem Denken: Nicht einfach etwas tun, weil es dem Ego schmeichelt oder sich gut anhört, sondern jede Aktion vorher zu Ende denken und in einen größeren Zusammenhang stellen.

Ich werde manchmal gefragt, woher der Firmenname »Finest Audience« stammt. Mein Erfolg im Affiliate-Marketing beruht unter anderem darauf, dass es mir gelingt, passgenau attraktive Zielgruppen zu erreichen. Mit anderen Worten: Ich spreche das beste Publikum an, die »finest audience« eben. Dieses Wissen gebe ich in der Masterclass komprimiert an meine Teilnehmer weiter. Als digitales Produkt ist der Onlinekurs ideal skalierbar: Wenn 5 000 Kunden statt 500 ihn buchen, verzehnfacht das den Umsatz, erhöht den eigenen Aufwand aber nur unwesentlich.

Ganz oder gar nicht: Die Masterclass

Noch im Kellerbüro im Reihenhaus hatte ich mir ein ehrgeiziges Ziel gesetzt. Ich wollte der größte Affiliate-Marketer Deutschlands, wenn nicht Europas werden. Mit erfolgreichen Aktionen für namhafte Anbieter war ich diesem Ziel schon recht nahegekommen. Monat für Monat kassierte ich Provisionen von 50 000 Euro und mehr. Der Inhaber eines Kreditvermittlungsunternehmens rief mich eines Tages an: »Herr Przybylski, Sie sind ein Risiko für unser Unternehmen!« Ich konnte es kaum glauben: Durch die Vielzahl von uns generierter Kreditanfragen flossen wöchentlich Provisionen an uns, die im ungünstigsten Fall kurzfristig die Zinseinnahmen des Unternehmens hätten übersteigen können. Die Liquidität der Firma wäre so gefährdet gewesen. Dabei schaltete dieses Unternehmen parallel Fernsehwerbung bei großen Sportereignissen. Offensichtlich war unser Affiliate-Marketing erfolgreicher als TV-Spots zur besten Bundesliga-Zeit.

Das hört sich toll an. Doch für alle, die jetzt schon die Dollarzeichen in den Augen haben: Dahinter stecken konsequente Arbeit, viel Know-how und ausgeklügelte Strategien. Es ist nicht damit getan, mal hier, mal da ein paar Anzeigen zu platzieren und dann lässig Verkaufsprovisionen zu kassieren. Man muss die Gans ordentlich füttern, bevor sie goldene Eier legt. Dazu zählt das systematische Testen verschiedener Anzeigenformate und Tageszeiten, die konsequente Markt- und Konkurrenzbeobachtung, die Wahl der richtigen Produkte und vieles mehr. Und auch ein Onlinekurs zu diesem Thema ist nicht mal eben schnell aus dem Boden gestampft. In meiner Masterclass steckten einige Monate intensiver Arbeit, bevor sie ans Netz ging. Seitdem wird sie regelmäßig ergänzt. ***Wer erfolgreich sein und bleiben will, darf sich niemals auf seinen Lorbeeren ausruhen.*** Auch deshalb zählen inzwischen Mitarbeiter und Mitarbeiterinnen sowie Manager und Managerinnen namhafter HiFi-Unternehmen, Energieversorger und anderer bekannter Firmen zu den Teilnehmern.

In den Masterclass-Kurs und seine Weiterentwicklung fließt etwa ein Drittel meiner Arbeitszeit. Dabei ergänzen wir Neuentwicklungen wie etwa die »Medienbruch-Werbeanzeige«®, einen Begriff, den wir haben schützen lassen. Die Kernidee ist, durch Anzeigen, die wirken wie der Social-Media-Post eines Bekannten, eine Direktansprache potenzieller Kunden zu ermöglichen. Wenn beispielsweise für einen Kredit geworben wird, setzen wir nicht auf die üblichen Hochglanzanzeigen großer Banken mit ihren immer etwas gestellt wirkenden Agenturfotos, sondern auf eher laienhafte Fotos des Geldsegens oder der Anschaffung in Verbindung mit einem positiven Kommentar wie »Super, das Geld war in zwei Tagen da!« Menschen kaufen am liebsten von Menschen, nicht von unpersönlichen Institutionen. Wenn du alles richtig gemacht hast, gehen auf eine solche vermeintlich »persönliche« Anzeige Hunderte, wenn nicht Tausende Kommentare und Nachfragen von Nutzern ein, die dann wiederum direkt angeschrieben werden können. Die Streuverluste sind auf diese Weise gering und die Erfolgsquote ist hoch. Ein anderes Beispiel für eine unserer Marketinginnovationen: Die uralte AIDA-Formel der Werbung (*Attention – Interest – Desire – Action*) haben wir durch ein sensibleres und präziseres Instrument ersetzt, die HAPSS-Formel®. Das steht für Hook (Köder) – Attention (Aufmerksamkeit) – Problem (Problem der Zielgruppe) – Story & Desire (Geschichte & Verlangen) und Solution (Lösung). Nach dieser Formel texten und entwickeln wir Anzeigen. Und wir bringen auch den Teilnehmern der Masterclass bei, wie sie mit dieser Herangehensweise wirkungsvolle Texte und Werbeanzeigen konzipieren.

Für eine detaillierte Einführung ins Onlinemarketing ist hier nicht der richtige Ort. Deutlich werden sollte, dass es sich dabei um ein komplexes Thema handelt, das mit »Einfach Geld verdienen mit Werbung im Internet« nicht angemessen beschrieben ist. Wie überall brauchst du fundiertes Know-how und eine professionelle Herangehensweise, wenn du erfolgreich sein willst. Deshalb ist die Masterclass ein dreimonatiger Intensivkurs. Damit distanziere ich mich ausdrücklich von Angeboten, die unter der Überschrift »Schnell reich werden« auf Kundenfang gehen. Inzwischen ist die Masterclass übrigens TÜV-zertifiziert und staatlich anerkannt: Das Arbeitsamt finanziert geeigneten Kandidaten und Kandidatinnen den Kurs, wenn sie sich zum Onlinemarketing-Manager fortbilden wollen. Mein Ziel, die größte und beste Onlinemarketing-Weiterbildung im DACH-Raum zu werden, ist längst erreicht. Und gerade strecken wir die Fühler in den englischsprachigen Raum aus. Wer stehen bleibt, fällt zurück. Das ist in meinem Business so wie in den meisten anderen auch.

Mit dem Schritt auf die Bühne wurde ich zu einer öffentlichen Person. Ich gab Interviews, publizierte Videos, hielt Vorträge vor Hunderten Menschen. Zu meiner Überraschung war das Feedback phänomenal. Nicht nur meine Inhalte kamen gut an, sondern ich als Person wurde als sympathisch und seriös wahrgenommen. Mein Glaubenssatz, dass ich hinter die Bühne gehöre, war ein Irrtum. ***Du weißt eben nie, was in dir steckt, bis du es probiert hast.***

»Kenne deinen Wert«, empfehle ich in der Überschrift dieses Kapitels. Das ist besonders wichtig, wenn es darum geht, angemessene Preise, Honorare oder – im Fall von Angestellten – Gehälter für sich zu fordern und durchzusetzen. Anders als manche Seminare oder Bücher unterstellen, sind hohe Preise in erster Linie keine Frage des Verhandlungsgeschicks. ***Hohe Preise sind eine Frage des Selbstvertrauens.*** Wer tief von sich, seinem Können und von seinem Angebot überzeugt ist, wird fast immer besser bezahlt. Das liegt daran, dass er souveräner und überzeugender auftritt und dass er sich traut, angemessene Forderungen zu stellen. Und ***wer sich selbst vertraut, dem vertrauen auch andere.*** Oder würdest du einem Bergführer folgen, der vor dem Start verkündet: »Äh, ja, also, Sie haben sich für eine schöne Tour entschieden, und ich hoffe, dass ich Sie heil nach oben bringen kann«? Dann doch lieber den Kollegen buchen, der glaubhaft versichert: »Das ist eine super Tour, die ich schon viele Male geführt habe. Alle Teilnehmer waren bisher begeistert, und Sie werden es auch sein!« Wichtiger als rhetorische Floskeln zu büffeln, ist es deshalb, eine Leistung zu erbringen, hinter der du voll stehst, ob als Unternehmer, Freiberuflerin oder Angestellte.

Außerdem wird der Preis von Kunden auch als Qualitätskriterium wahrgenommen. Wie die alte Weisheit sagt: Was nichts kostet, ist nichts wert. Wäre die Masterclass zum Schnäppchenpreis zu buchen, wäre das nicht nur eine Missachtung der zwei

Jahrzehnte Erfahrung, die ich dort weitergebe. Der niedrige Preis würde darüber hinaus ambitionierte Kunden abschrecken. Wer voll durchstarten und sich möglichst rasch wertvolles Know-how aneignen will, bucht keinen Kurs, in dem sich Leute tummeln, die nur mal reinschauen wollen. ***Ein hoher Preis erhöht das inhaltliche Commitment der Kunden*** auch bei anderen Leistungen und hebt in der Masterclass das Diskussionslevel der Gruppe.

Der Preiseffekt funktioniert in vielen Bereichen der Wirtschaft, selbst beim Eiscafé um die Ecke. In der *Frankfurter Allgemeinen Zeitung* war kürzlich zu lesen, eine Berliner Eisdiele habe die Preise erhöht, weil die Nachbarschaft im Wohngebiet sich über lange Wartschlangen und den damit verbundenen Lärm beschwert habe. Der Schuss ging leider nach hinten los: Die Schlangen wurden nicht etwa kürzer, sondern länger, weil der hohe Preis das Eis offenbar noch begehrenswerter machte.[50] Und wenn du mir jetzt entgegenhältst, auch Schnäppchenpreise kurbeln den Verkauf an: Das mag sein. Aber wenn du auf diese Weise Geld verdienen willst, musst du wirklich Massen bedienen und immer damit rechnen, dass jemand noch billiger ist. Wer für Geld kommt, geht auch für Geld. Und was denkst du selbst, wenn du ein Schnäppchen gekauft hast, das sich nachher als wenig wertvoll oder fehlerhaft erweist? Sehr wahrscheinlich: »War ja nur ein Schnäppchen, was kann man da erwarten?« Der Preis ist und bleibt ein Qualitätsmerkmal.

Sparringspartner sind wertvoller als Fans

Dein eigener Wert sollte auch bestimmen, mit welchen Menschen du dich im Business umgibst. ***Wenn du dich weiterentwickeln willst, brauchst du den Austausch auf Augenhöhe.*** Es zeugt von einem schwachen Ego, wenn eine Person nur Fans und unkritische Jasager um sich versammelt. Überdies ist es gefährlich: Dieser Kreis wird ihr auch dann noch kritiklose Bewunderung zollen, wenn sie bereits mit den Zehen am Abgrund steht. Wirklich wertvoll ist dagegen der Kontakt zu Menschen, die in bestimmten Bereichen erfolgreicher sind als du.

Vom Nutzen des Mentorings habe ich weiter oben ja schon gesprochen. Darüber hinaus findest du idealerweise weitere Gesprächspartner, denen du selbst etwas mitgeben kannst und die dich im Gegenzug in anderen Fragen weiterbringen. Auf dieser Basis bin ich dem Beispiel renommierter Experten und Expertinnen gefolgt und habe eine Mastermind-Gruppe gegründet, in der sich mehrfach jährlich erfolgreiche Unternehmer und Unternehmerinnen treffen. Auch hier gilt wieder das Prinzip: Was nichts kostet, ist nichts wert. Für ein inhaltlich anspruchsvolles mehrtägiges Programm und die Gelegenheit zum intensiven Austausch zahlen die Teilnehmer aktuell über 40 000 Euro. Falls du das viel findest: Bekannte US-Experten veranschlagen schon mal das Zehnfache. Und ich bin mir sicher: Der Return on Investment (ROI) ist gut dank des wertvollen Inputs und geschäftlicher Kooperationen, die in meinen Gruppen entstehen. Sonst würden nicht regelmäßig Topmanager und Topmanagerinnen aus DAX-Konzernen zu diesem Kreis gehören.

Wer Geld verdienen will, muss Geld ausgeben; sinnvoll natürlich, als nachhaltige Investition ins Business und nicht für kurzlebigen Konsum. Aktuell überlege ich beispielsweise, eine VIP-Loge in der Fußballbundesliga zu buchen. Um die Bayern-Fans nicht zu brüskieren, verkneife ich mir hier, den Verein zu nennen, um den es dabei geht. Eine solche Loge ist nicht günstiger als die Mitgliedschaft in meiner Mastermind-Gruppe, aber durch die Kontakte, die ich dadurch knüpfen oder vertiefen kann, vermutlich eine gute Investition. Ich bin mir sicher: Mit zwei, drei in der Halbzeitpause angebahnten Geschäften kommt das Geld locker wieder rein.

Neues Denken
Klug investieren statt immer mehr arbeiten

Wirklich finanziell frei wirst du nur, wenn du verstehst, wie man aus Geld mehr Geld macht. Finanzielle Freiheit definiere ich dabei so, dass du den von dir gewünschten Lebensstil für den Rest deines Lebens beibehalten könntest, auch wenn du morgen alle bezahlten Aktivitäten einstellen und nur noch deinen Hobbys nachgehen würdest. Unterschiedliche Menschen werden sich mit unterschiedlich viel Geld finanziell frei fühlen. Ich persönlich bin da weder so anspruchsvoll wie der Ex-Bertelsmann-Manager Thomas Middelhoff, der vor Gericht den monatlichen(!) Mindestbedarf seiner Familie einmal auf 70 000 Euro bezifferte[51], noch so genügsam wie ein Frugalist, der mit wenigen Hundert Euro monatlich so sparsam lebt, dass er mit 40 in Rente gehen kann.[52] Zur finanziellen Freiheit gehört für mich außerdem, dass ich meine Familie absichern und meinen Kindern ein gutes Startkapital mitgeben möchte, auch in Form einer möglichst guten Ausbildung.

Investieren in klassische Anlageformen

Wer sich heute als Erfolgsmensch präsentieren will, nennt sich in den meisten Fällen nicht nur Unternehmer und Experte, sondern auch Investor. Nicht immer wird dabei deutlich, was das konkret bedeutet. In meinem Fall heißt das, dass ich etwa 40 Prozent meiner Arbeitszeit damit verbringe, mein Geld sinnvoll anzulegen. 20 bis 30 Prozent der Arbeitszeit fließen wie erwähnt in meine Masterclass und etwa genauso viel in meine Mastermind-Gruppe. Es ist ein weit verbreiteter Irrtum, dass Investoren und Investorinnen die meiste Zeit in der Hängematte liegen und gelegentlich nachschauen, wie sich ihr Geld inzwischen vermehrt hat. ***Investieren bedeutet Arbeit!*** Du musst dich laufend informieren, um gute Investments zu entdecken, Risiken einzuschätzen und Warnsignale rechtzeitig zu erkennen.

Ich selbst lege mein Geld in einer Reihe klassischer Anlageformen an: Einzelaktien, Aktienfonds, ETFs als börsengehandelte Indexfonds, die die Gesamtentwicklung von Aktienindices wie DAX, Dow Jones, Nasdaq oder unzähligen anderen abbilden. Ein Teil meines Geldes steckt in attraktiven Immobilien, die angesichts der Preisentwicklung der letzten Jahrzehnte zu Recht als Betongold bezeichnet werden. Ich interessiere mich aber auch für neue riskantere Anlageformen wie Kryptowährungen oder NFTs. Das sind Non-Fungible Tokens, also digitale Unikate wie zum Beispiel Kunstwerke, die auf Echtheitszertifikaten auf der Blockchain basieren.[53] Vielleicht hast du schon mal von den CryptoPunks oder den Bored Apes gehört oder auch von Beeples Kunstwerk »Everydays: The First 5 000 Days«, ein NFT, das Anfang 2021 vom renommierten Auktionshaus Christie's für 69 Millionen Dollar versteigert wurde.[54] Zu den verschiedenen Anlageformen kann ich dir hier nicht mehr erzählen als das, was du in jedem guten Finanzratgeber nachlesen kannst. Es gibt kein Geheimrezept für schnellen Reichtum, und wer dir eins verspricht, hat es vor allem auf eins abgesehen: dein Geld.

Das kleine Einmaleins des Investierens

Seriöse Finanzberater werden immer unterstreichen, dass eine potenziell hohe Rendite zwangsläufig mit einem höheren Risiko einhergeht. Hier solltest du nur »Spielgeld« investieren, das du notfalls auch komplett verlieren kannst. Jeder Finanzexperte wird dir überdies empfehlen, deine Anlageformen zu diversifizieren und nicht alles auf eine Karte zu setzen. Sonst gehst du ein Klumpenrisiko ein. Wenn dein ganzes Geld beispielsweise in einer Mietimmobilie steckt und es stellt sich heraus, dass dort Asbest verbaut wurde, hast du ein Problem. Das Gleiche gilt für Einzelaktien, wie jeder weiß, der während der Corona-Pandemie die Börsenkurse von Kreuzfahrtunternehmen, Fluglinien oder Messegesellschaften verfolgte. Was kurz vorher wie eine bombensichere Zukunftsbranche aussah, kam plötzlich fast komplett zum Erliegen. Auch dass du bei Aktienfonds einen langen Atem brauchst und über Jahre, besser noch über Jahrzehnte, relativ sicher Gewinne verbuchen kannst, wenn du nicht darauf angewiesen bist, zu einem ganz bestimmten Zeitpunkt zu verkaufen, hörst du vielleicht nicht zum ersten Mal. Der aus meiner Sicht wichtigste Tipp lautet jedoch ganz simpel: ***Investiere nur in etwas, das du auch verstehst.*** So verhinderst du, dass dir jemand Schrottanlagen unterjubelt. Bei Einzelaktien beispielsweise investiere ich nur in Unternehmen, deren Produkte ich kenne und die wir vorzugsweise täglich benutzen. Was viele Menschen nicht mehr missen möchten, wird sehr wahrscheinlich nicht vom Markt verschwinden. Und auch mit NFTs habe ich mich erst ausführlich beschäftigt, bevor ich dort eingestiegen bin. Deshalb beansprucht die Planung von Investitionen eben fast die Hälfte meiner Arbeitszeit.

Erfolge und Misserfolge

Alle Investoren, die breit aufgestellt und einige Zeit aktiv sind, können von überraschenden Erfolgen genauso berichten wie von überraschenden Misserfolgen. Meine erste Immobilie beispielsweise kaufte ich mit Mitte 20 – eine Wohnung in Leipzig, vermittelt über die Bank und komplett kreditfinanziert. Ich trug nur die Notarkosten und hatte schlaflose Nächte. Ich haderte damit, plötzlich Schulden in sechsstelliger Höhe zu haben. Ich hatte Angst, keine Mieter zu finden, und fragte mich, ob das

Ganze die richtige Entscheidung war. Aus heutiger Sicht war es sogar ein Volltreffer. Immobilien in guter Lage in Leipzig haben ihren Wert inzwischen fast verdoppelt. Unerwartet anders lief es, als wir vor einigen Jahren eine Wohnung in einem Mehrfamilienhaus in der Nähe von Dortmund kauften. Sorgen machten meine Frau und ich uns damals keine: kleine Immobilie, kleines Investment, kleines Risiko, so dachten wir. Doch dann kostete uns gerade diese Wohnung viel Zeit und Nerven: Wir beauftragten mit der Renovierung die falsche Firma und weitere Probleme tauchten auf. Heute ist sie im Wert nur mäßig gestiegen, also eher ein Misserfolg. Trotzdem bleiben Immobilien ein interessantes Investment, wenn du bestimmte Grundregeln beachtest wie gute Bausubstanz, Alter und vor allem eine attraktive Lage.

Niemand ist vor Fehleinschätzungen gefeit. Wer investiert, geht Risiken ein. Aber in Zeiten der Inflation und der Niedrigzinsen (oder sogar Negativzinsen) ***besteht das größte Risiko möglicherweise darin, kein Risiko einzugehen und zuzuschauen, wie das eigene Geld zusammenschrumpft.*** Außerdem versetzt dich gute Vorbereitung in die Lage, Risiken zuverlässiger einzuschätzen. Dafür gibt es jede Menge Finanzbücher, Finanzpodcast und Finanzvideos. Keiner ist gezwungen, sich blind auf irgendwelche Berater zu verlassen. Überdies sinkt das Verlustrisiko mit der Zahl gut überlegter Projekte, von denen sich wie bei meinen Immobilien immer einige schlechter, andere dafür besser als erwartet entwickeln werden. Robert T. Kiyosaki, der mit *Rich Dad, Poor Dad* ein lesenswertes Buch über Geld und seine Vermehrung geschrieben hat, verrät zum Beispiel, dass er natürlich oft auch Lehrgeld bezahlt. Dabei bezieht er sich auf Börsenspekulationen, also den riskanten Kauf von Einzelaktien. Kiyosaki weiter: »Ich schätze, dass ich im Durchschnitt bei zehn Investitionen zwei oder drei Volltreffer lande, während fünf oder sechs nichts bringen und ich bei zwei oder drei draufzahle.«[55] Wir dürfen davon ausgehen, dass Kiyosakis Volltreffer seine Verluste mehr als ausgleichen. Wer beispielsweise zum Börsengang 1998 Google-Aktien kaufte, durfte sich am 20. Geburtstag von Google 2018 über einen Wertzuwachs von sagenhaften 2 700 Prozent freuen.[56]

Natürlich ist das eine absolute Ausnahme, die aber gleichzeitig verdeutlicht, welche finanzielle Hebelwirkung ein Investment im Extremfall entfalten kann. Und auch am Beispiel meiner Leipziger Immobilie lässt sich erklären, warum kluge Investitionen dein Geld in einer Weise vermehren, die du auf andere Weise kaum erreichen kannst. Finanziert war die Wohnung zu moderaten Kreditzinsen, die ich als Vermieter von der Steuer absetzen konnte. Zur Tilgung des Kredits nutzte ich die Mieteinnahmen. Gleichzeitig war der Wertzuwachs enorm, sodass sich das eingesetzte Kapital quasi verdoppelte, und das bei einer Anfangsinvestition von wenigen Tausend Euro für den Notar.

Ähnlich rasant kann sich das Geld auch bei der Investition in Sachwerte vermehren, wenn du es richtig anstellst. Nimm beispielsweise den Kunstmarkt. Wer ein Bild für 20 Millionen kauft und für 80 Millionen wieder verkaufen kann, fährt einen Traumgewinn ein. In dieser Liga spiele ich noch nicht, aber es gibt durchaus Möglichkeiten mit kleineren Budgets …

Investieren in Sachwerte

Am 26. März 2022 bildeten sich vor vielen Swatch-Läden weltweit lange Schlangen. Mancher campierte sogar nachts in der Fußgängerzone, um bei Ladenöffnung ganz vorne mit dabei zu sein. Der Grund: Der 26. März 2022 war der Erstverkaufstag der MoonSwatch-Kollektion, die der Hersteller in Anlehnung an die Omega-Speedmaster-Uhr der Muttergesellschaft Omega herausbrachte. Die heute legendäre Speedmaster war laut Eigenwerbung bei allen sechs Mondlandungen dabei[57] und kostet 6 600 Euro. Die günstiger produzierte Swatch-Version, die in vielen Farben von Schwarz (»Mission to the moon«) über Gold (»Mission to the sun«) bis Rosa (»Mission to venus«) zu haben war, wanderte für nur 250 Euro über den Ladentisch. Kurze Zeit nach dem Verkaufsstart wurden die ersten Exemplare schon für ein Vielfaches im Netz gehandelt. Der Preis schwankte zwischen 700 und 1200 Euro, ganz Mutige verlangten für einzelne Exemplare sogar über 6000 Euro.[58] Mit etwas Glück konnten frühe Käufer ihren Einsatz also verdreifachen oder sogar mehr als verzehnfachen, bevor die Preise sehr wahrscheinlich wieder fielen. ***Man muss nicht Millionär sein, um aus Geld mehr Geld zu machen.*** Man braucht lediglich Know-how, Findigkeit und manchmal auch einen warmen Schlafsack.

Alle Objekte, die begehrenswert und nur begrenzt zu haben sind, können zu Anlageobjekten werden: Kunst, seltene Weine, Antiquitäten, Oldtimer, aber auch Uhren oder Sneaker. Luxusgüter als Investment haben sich schon immer bewährt, aber man muss sich gut auskennen. Manche Uhren sind teuer, sehen schön aus und verlieren dennoch an Wert. Anders ist es bei stabilen Marken wie Rolex, die relativ zuverlässig Wertsteigerungen verzeichnen. Gerade in Krisenzeiten flüchten Menschen gern in Sachwerte. Darum ist zum Beispiel der Goldpreis ein echtes Krisenbarometer. Und das gilt inzwischen offenbar auch für Uhren. Anfang 2022 kam ich am Rolex-Stand am Flughafen in Dubai vorbei und traute meinen Augen kaum: Bis auf wenige Ladenhüter war der Laden komplett leergekauft. Warum ausgerechnet Uhren, fragst du dich vielleicht. Ganz einfach: Uhren nehmen wenig Platz ein und sind leicht im Bankschließfach zu lagern. Und im Unterschied zu Immobilien und anderen wertvollen Gütern kann man Uhren zügig und einfach verkaufen, teilweise innerhalb von Minuten auf entsprechenden Onlineportalen.

Schöne Autos sind ebenfalls ein geniales Investment, aber auch da musst du genau wissen, welche. Limitierte Modelle können ihren Wert schon in der Zeit von der Bestellung bis zur Auslieferung verdoppeln. Ich habe zum Beispiel einen Lamborghini in streng limitierter Version von 63 Exemplaren gekauft, dessen Wert innerhalb eines Jahres um knapp 100000 Euro stieg. Übrigens kaufst du mit einem solchen Auto nicht nur ein wertvolles Gut und Anlageobjekt, sondern auch ein geniales Netzwerk. Du wirst auf Events und Neuvorstellungen eingeladen und triffst immer wieder interessante Leute.

Nachtrag: Ich erzähle das alles nicht, um anzugeben, sondern um zu verdeutlichen, wie aus Geld mehr Geld werden kann – egal, ob du in einen begehrten Sneaker oder einen limitierten Luxuswagen investierst. Persönlich lege ich keinen Wert auf protziges Auftreten. Ich selbst trage zum Beispiel eine Casio-Digital-Uhr mit vier Knöpfen und Licht, von der ich als Kind immer vergeblich geträumt habe. Sie macht mich noch heute glücklich. Preis: unter 50 Euro.

Investieren in Unternehmen

Außer in klassische Anlageformen und Sachwerte investiere ich Geld in Firmen. Zeitweise war ich an 13 Unternehmen beteiligt. Auch hier gilt die Regel, dass ich nur dann Geld einsetze, wenn ich eine Sache wirklich verstehe. Außerdem interessiere ich mich nur für Firmen, die an Zukunftsprojekten arbeiten. Aktuell investiere ich deshalb vorwiegend in Metaverse-Projekte und skalierbare digitale Produkte. Von Projekten, die schwer skalierbar sind und wenn, dann nur proportional und nicht exponentiell, lasse ich eher die Finger. Gute Investments sind daneben Angebote, die monatlich wiederkehrende Einnahmen bringen. Daher bin ich immer interessiert an nützlichen kleinen Software-Lösungen, die online vertrieben werden, und lasse Lösungen dieser Art auch selbst entwickeln. Bei solchen Investments gilt ebenfalls: ***Du musst nicht reich sein, um aktiv zu werden. Du musst nur den richtigen Riecher haben,*** und den entwickelst du, je intensiver du dich mit einer Materie beschäftigst.

Ein erfolgreicher Investor investiert nicht nur Geld in Unternehmen. Ich denke, solche Investoren gibt es wie Sand am Meer. Ein guter Investor bringt sein eigenes unternehmerisches Know-how mit ein und arbeitet aktiv daran mit, die Firma voranzubringen, an der er beteiligt ist. Auf diese Weise macht er (noch) mehr aus seinem eingesetzten Geld – die finanzielle Hebelwirkung wird größer. Als Unternehmer ist mir zudem bewusst, dass Firmen nur mit gutem Personal wachsen. ***Ein Unternehmen ist immer so stark wie seine besten Leute.*** Deshalb biete ich den Mitarbeitern und Mitarbeiterinnen meiner Beteiligungen mein Wissen und damit eine Abkürzung zum Erfolg an. Ich sehe meine Rolle als die eines Mentors und stelle nicht nur Geld, sondern auch meine Kompetenz und mein Netzwerk zur Verfügung. Ist eine Firma personell schlecht aufgestellt und dümpelt vor sich hin, ist es einfacher, die Idee zu übernehmen und es selbst besser zu machen, statt Lahme zum Jagen zu tragen.

Indizien für mögliche Fehlinvestitionen

Daneben gibt es weitere Warnsignale, die dich von einer Investition abhalten sollten. Nicht immer ist ein Projekt so schön, wie es bei der Suche nach Geldgebern von den Initiatoren angepriesen wird wird. Misstrauisch werde ich, wenn man mir einerseits erzählt, wie super das Business und wie genial die Geschäftsidee ist, und andererseits händeringend Investoren sucht, die das Ganze finanziell weitgehend allein stemmen. Dahinter steckt nicht selten die Überlegung: »Mir selbst ist es zu riskant; ich versuch's mal mit Investoren.« Misstrauisch werde ich auch, wenn mit manipulativen Hochglanzpräsentationen gearbeitet wird, die auf die Gier des Menschen setzen und Investoren ausmalen, dass sie schon bald auf ihrer eigenen Luxusyacht über die Weltmeere schippern werden. Da draußen sind genügend Betrüger unterwegs, um vorsichtig zu sein.

Vorsicht empfiehlt sich daneben bei Start-ups, die erst kurz auf dem Markt sind und deren Erfolgschancen noch schwer abzuschätzen sind. Hier orientiere ich mich an der Erfahrung des Gründers oder Gründer-Teams, der Tragfähigkeit der Unternehmensvision und nicht zuletzt an meinem Bauchgefühl. Im Zweifel lasse ich lieber die Finger davon. Bei einer Mannschaft ohne viel Know-how ist die Gefahr groß, dass aus der geplanten Geldvermehrung eine Geldverbrennung wird. Überhaupt solltest du bei jedem Investment Deadlines einziehen und regelmäßig anhand der Unternehmenszahlen kontrollieren, wie sich das Ganze entwickelt. Tanz nicht auf zu vielen Hochzeiten und investiere nicht wild in der Gegend herum. ***Auch als Investor brauchst du einen Fokus.*** So lernst du mit jedem Projekt dazu und eignest dir vertieftes Wissen in einem bestimmten Bereich an. Geht es nicht um Start-ups, sondern um etablierte Firmen, handele ich wie schon erwähnt nach der Maxime, dass die Firma einen Market-Fit von mindestens Million Euro haben muss. Ist die jährliche Umsatzerwartung geringer, scheinen das Produkt oder die Dienstleistung eher mau zu laufen. Dann bringt es wenig zu investieren.

Natürlich machen dich diese kurzen Hinweise noch nicht zu einem Profi-Investor. Vielmehr soll die Schilderung meiner Erfahrungen eine Ermutigung für dich sein. Ich würde mich freuen, wenn du Lust bekommen hast, dich näher mit diesem Geschäftsfeld zu beschäftigen. ***Investieren ist nicht nur was für Superreiche. Aber du kannst damit super reich werden.*** Und dafür ist es nie zu früh und selten zu spät. Legendär ist zum Beispiel der Fall von Beate Sander, die erst mit knapp 60 ihre erste Aktie kaufte und bis zu ihrem Tod rund zwei Jahrzehnte später daraus ein Vermögen von 3 Millionen machte. Ihr Wissen gab sie in vielen Büchern weiter, darunter dem Bestseller *Der Aktien- und Börsenführerschein.*[59] Du siehst: Wie in vielen anderen Bereichen auch ist fürs Investieren vor allem eins entscheidend – dein Mindset.

Das richtige Mindset: Was es heißt, Investor oder Investorin zu sein

Als ich in meinem Jugendzimmer an meiner ersten kommerziellen Website bastelte, dachte ich: »Wenn du Millionär bist, hast du es geschafft. Mit der ersten Million wird sich dein Leben komplett verändern!« Heute weiß ich: Das ist Unsinn. ***Auch die Million ist nur eine Zahl.*** Während ich dieses Kapitel schreibe, lebe ich aus zwei Koffern in einer Airbnb-Wohnung, bis das Haus, das wir gerade bauen, endlich fertig ist. Es geht mir gut damit, außer dass ich mich manchmal über die gleichen Handwerkerkatastrophen ärgere wie alle Hausbauer. Ansonsten arbeite ich fröhlich vor mich hin und habe genug Zeit für meine Familie. Was will ich mehr? Inzwischen fragen meine Frau und ich uns sogar, wofür wir das große Haus überhaupt brauchen. Wir werden auf jeden Fall mehr Arbeit damit haben als mit der aktuell gemieteten Vierzimmerwohnung.

Für erfolgreiche Investoren sind Reichtum oder Statussymbole nicht das Ziel ihrer Aktivitäten, sondern das legitime Nebenprodukt spannender Projekte, eingegangener Risiken und investierter Zeit. Das Geld, das sie auf diese Weise machen, ist kein Selbstzweck, sondern Mittel zum Zweck. Und der Zweck lautet nicht etwa Luxusleben, Privatjet und süßes Nichtstun, sondern Freiheit, Selbstbestimmung und Unabhängigkeit. Wer Geld und Reichtum mit hemmungslosem Konsum gleichsetzt, wird normalerweise nicht reich. Und wenn doch, bleibt er es nicht lange. Er wird nicht reich, weil er es nicht schafft, das nötige Grundkapital für interessante Investments anzusparen. Und er bleibt es nicht, weil er den Geldsegen hemmungslos verprasst, statt ihn klug anzulegen. Deshalb schaffen es auch die wenigsten Lottomillionäre, auf Dauer reich zu bleiben. Wie gewonnen, so zerronnen. Das Internet ist voll von Geschichten über Lottoglückspilze, die ihre Millionen in wenigen Jahren auf den Kopf hauen, beim Glücksspiel, für Privatzoos, Schönheitsoperationen, riesige Villen, Drogenexzesse und falsche Freunde.[60] Das beweist: ***Wie reich du bist und ob du reich bleibst, hängt ebenso stark von deinem Ausgabeverhalten ab wie von deinen Einnahmen.*** Jede noch so große Summe lässt sich verprassen, wenn du im Konsumrausch bist.

Vor einiger Zeit ging ich mit einem etwa gleichaltrigen Bekannten spazieren, der einen hochdotierten Managerjob bei einer großen Firma hat. Als wir auf unseren Hausbau zu sprechen kamen, eröffnete er mir, eine eigene Immobilie könne er sich nicht leisten, da fehle ihm das Kapital. Außerdem müsse er dann ja bis zur Rente den Kredit abtragen. Ich war fassungslos. Einmal abgesehen davon, dass ja auch die Miete Monat für Monat fällig wird, und zwar bis ans Lebensende: Wo war das ganze verdiente Geld geblieben? Der Mann hätte eigentlich Millionär sein müssen. Ich glaube nicht, dass dies ein Einzelfall ist. ***Viele Menschen verbrennen ihre Erntejahre.*** Sie nutzen sie nicht dafür, ihr Geld sinnvoll zu vermehren. Stattdessen gönnen sie sich lieber etwas: teure Wohnungen, teure Autos, teure Urlaube. Die superteure Designerküche, in der kaum gekocht wird, weil man sowieso lieber auswärts isst. Mir kommt das manchmal vor wie ein selbstgebautes Luxusgefängnis, das in dem Augenblick zum Albtraum wird, in dem der gewohnte Geldstrom ausbleibt, durch Arbeitslosigkeit, Krankheit oder Scheidung beispielsweise. Wer sein Geld raushaut, als gäbe es kein Morgen, kann schon morgen ganz tief in der Sch... sitzen.

Dasselbe gilt für Unternehmer und Unternehmerinnen, die erzielte Gewinne größtenteils für privaten Konsum abschöpfen, statt sie ins Unternehmen zu reinvestieren. Für mich erwürgen sie ihr Unternehmen. Zumindest behindern sie sein Wachstum, indem sie ihm finanziell die Luft abschnüren. Kluge Investoren setzen Geld mit Bedacht dort ein, wo es den besten Ertrag bringt. Wenn man ein gut laufendes Business hat, lässt man das Geld weder auf dem Konto liegen noch haut man die Kohle raus, wie Karl Lagerfeld einst empfahl. Man investiert es mit Bedacht so, dass aus Geld mehr Geld wird. Geld, das die Unabhängigkeit sichert und einem erlaubt, so zu leben, wie man möchte. Und dabei lässt man sich auch von Neidern nicht beirren. Warum auch? ***Ich habe noch nie einen Hater getroffen, der erfolgreicher war als ich.*** Und je älter ich werde, desto mehr richte ich mein Leben so ein, wie es mir passt.

Not-to-do-Liste
Mehr Zeit mit Mehrwert

»Dawid, du bist chemisch gereinigt«, sagt meine Frau manchmal scherzhaft zu mir. Worauf sie anspielt: Ich halte mich seit einigen Jahren konsequent von allem fern, was meinen Tag in überflüssiger Weise stören oder »beschmutzen« könnte. Ich tue möglichst nur, was ich tun möchte – nicht, was alle machen oder was sich vermeintlich gehört.

Der Weg zum Erfolg wird meistens nur unter dem Aspekt betrachtet, was du alles tun sollst. Dabei ist es genauso wichtig, bestimmte Dinge *nicht* zu tun – Dinge, die sinnlos deine Zeit verschwenden, übermäßig viel Energie kosten oder dich mental runterziehen. Jeder sollte seine persönliche »Not-to-do-Liste« haben. Glaub mir, dein Leben wird augenblicklich besser! Für mich jedenfalls war es eine große Befreiung, mich konsequent von Beschäftigungen zu verabschieden, die mich nicht weiterbringen oder nicht froh machen. Die Entscheidung »X macht mich nicht glücklich. Also lasse ich das.« treffe ich inzwischen blitzschnell. Und das bringe ich heute auch meinen Kindern bei: »Du musst das nicht machen, wenn es dir keinen Spaß macht.« Gilt nicht für die Schule, aber sonst für sehr vieles. Hier also eine Auswahl dessen, was ich heute nicht mehr tue:

Not-to-do: Permanent Nachrichten hören oder gucken

»Good news are no news« lautet eine alte Reporterregel. Und deshalb sind die täglichen Nachrichten eine Aneinanderreihung von Krieg, Leid, Tod und Naturkatastrophen, Umweltskandalen und anderen Verbrechen. Nichts davon wird besser, weil ich mich dem permanent aussetze. Mir reicht ein gelegentlicher Blick in die Nachrichten-App des *Spiegels*. Und im Zweifel spende ich lieber Geld, als den x-ten *Brennpunkt* zum Thema Krieg im Fernsehen zu schauen. Da haben die Opfer mehr davon.

Not-to-do: Fernsehen

Fernsehen ist für mich gestohlene Lebenszeit. Wenn ich lese, dass Menschen im Schnitt mehr als dreieinhalb Stunden fernsehen[61], bin ich fassungslos. Was könnte man in dieser Zeit alles Sinnvolles anstellen –Lesen, sich weiterbilden, Zeit mit Menschen verbringen, die einem wichtig sind, Sport treiben ...

P. S.: Auch Netflix und andere Streaming-Dienste zählen zum Fernsehen.

Not-to-do: Immer erreichbar sein

Weil er so wichtig ist, hier noch einmal der Hinweis auf den »Beast-Mode«. Wenn ich konsequent arbeiten will, ist mein Smartphone im Flugmodus. Ich bin telefonisch nicht erreichbar, und ich checke schon gar nicht stündlich meine Mails. ***Nur Dienstboten müssen immer erreichbar sein.*** Ich bin keiner.

Not-to-do: Menschen treffen, die mich runterziehen

Wir alle wissen es: Sogar unter Verwandten gibt es Leute, mit denen man sich nichts, aber auch gar nichts zu sagen hat. Und auch mit einst engen Freunden kann man sich auseinanderleben. Ich habe aufgehört, Menschen zu treffen, die mich langweilen, mich ständig kritisieren oder mir gern erzählen, wie gut ich es habe, weil ich so viel Glück hatte (noch eine weitere Definition von »Glück«; gemeint ist hier ein völlig zufälliges positives Ereignis). Dabei ist es mir gleichgültig, ob alle es gut finden, wenn ich die Hochzeitsfeier eines Cousins x-ten Grades schwänze.

Ich bin also sehr wählerisch dabei, wen ich in mein Leben lasse. Das gilt auch im Business. Besonders um »Ja, aber«-Sager schlage ich einen großen Bogen. Damit meine ich

Menschen, die den lieben langen Tag damit beschäftigt sind, in jeder Suppe ein Haar zu finden. Das endet oft in allgemeiner Schwarzmalerei: »Ja, aber das gibt's doch bestimmt schon!«, »Ja, aber was, wenn es schiefgeht?« oder auch »Ja, aber wenn es so einfach wäre, hätte das doch bestimmt schon jemand versucht!« Wem hilft das? Da draußen laufen jede Menge Leute herum, die zwar wenig Ahnung, dafür aber eine feste Meinung haben. Sollen sie unter sich bleiben. Zum Schwarzmalen habe ich weder Zeit noch Lust. Ich lasse solche Kontakte einfach still auslaufen. Warum Energie für nutzlose Konfrontationen verschwenden?

Not-to-do: Gespräche, die mich nicht die Bohne interessieren

Ich persönlich halte nicht viel von hitzigen Diskussionen, bei denen man sich am Esstisch gegenseitig die Weltlage erklärt. Ob die Erste Welt die Dritte Welt zerstört, ob das Rentensystem reformiert gehört oder ob Corona-Politik der Regierung richtig ist, kann ich nicht wirklich beurteilen. Oft geht es in solchen Gesprächen ja auch eher um Glaubensfragen und persönliche Weltbilder als um einen Austausch auf der Basis von Sachkenntnis. Darauf habe ich keine Lust. Meine Standardausrede, wenn das bei uns daheim passiert, wenn wir Gäste haben: »Ich bring schon mal die Kinder ins Bett.« Bis ich zurückkomme, hat sich die Luft oft geklärt. Und wenn es vorher ganz schlimm war, kann es schon mal passieren, dass ich beim Geschichtenvorlesen mit einschlafe und von meiner Frau geweckt werde, wenn sich die Gäste auf den Heimweg machen. Ganz unabsichtlich, natürlich.

Not-to-do: Projekte, für die ausschließlich Geld spricht

Geld ist mir nicht unwichtig. Aber in ein Projekt einzusteigen, für das nur eines spricht, nämlich Geld, das lasse ich lieber. Meine Lebenszeit ist mir zu wertvoll, um sie mit Dingen zu verbringen, die mich anöden. Und Geld ohne Spannung ist öde. Das gilt auch im Business.

Not-to-do: Projekte, die nur spannend klingen

Ich habe gelernt, mich nicht von glänzenden Fassaden und glänzenden Zukunftsversprechen locken zu lassen. Ich brauche belastbare Fakten, wenn ich irgendwo einsteigen soll. Wer die nicht mitbringt, hat entweder keine überzeugenden Zahlen oder er war zu faul, sie zusammenzustellen. Beides ist ein Alarmsignal. Und dass ich nicht der Geburtshelfer für wenig durchdachte Gründungsideen sein möchte, sagte ich ja schon.

Wie gesagt: Das ist meine ganz persönliche Liste. Deine mag anders aussehen – Hauptsache, du hast eine! ***Das Leben ist zu kurz, um seine Zeit zu verschwenden oder sie mit Inhalten zu füllen, über die man sich ärgert.*** Eine der nützlichsten Fähigkeiten, die du in deinem Leben erwerben kannst, ist deshalb die Fähigkeit, Nein zu sagen – Nein zu Aufgaben, zu Projekten und manchmal auch zu Kontakten. Du brauchst diese Fähigkeit jeden Tag, denn jeder von uns wird täglich mit einer Reihe mehr oder weniger verführerischer Angebote konfrontiert, die er besser nicht annimmt. Und das reicht von der Daddelei mit WhatsApp bis zum Einstieg in die Diskussion über ein Projekt, das dich nicht wirklich interessiert. Wie fast alles im Leben ist auch das Neinsagen eine Frage der Übung. Je öfter du es tust, desto leichter geht es dir über die Lippen.

Was in keinem BWL-Buch steht

Angewandtes Wissen für dein Business

Bücher bereichern das Leben. Sie eröffnen neue Welten. Im Idealfall kann das richtige Buch im richtigen Moment sogar das Gespräch mit einem Mentor ersetzen. Deshalb bin ich Abonnent von Blinkist, wo du (wie auch beim Konkurrenzunternehmen getAbstract) Kurzfassungen von Sachbüchern – und im Falle von Blinkist neuerdings auch von Podcast-Inhalten – herunterladen kannst.[62] In 15 Minuten bekommst du so die Kernaussagen vermittelt und kannst entscheiden, ob du das Buch kaufen und ganz lesen möchtest. Denn natürlich wird die ausführliche Lektüre eines guten Buches dir mehr und tiefergehende Impulse geben als eine nur 15-minütige Lesepause. Ich selbst lese jeden Monat mehrere Bücher. Zu denen, die mich in den letzten Jahren besonders inspiriert haben, gehören:

- Grant Cardone, *Die 10x-Regel: Der feine Unterschied zwischen Misserfolg und Erfolg*. Weinheim: Wiley VCH 2019.
- Stephen Covey, *Die 7 Wege zur Effektivität*. Offenbach: Gabal Verlag, 58. (!) Auflage 2018.
- Nikolaus Förster, *Mein größter Fehler: Bekenntnisse erfolgreicher Unternehmer*. Hamburg: Impulse Medien GmbH, 3., aktualisierte und erweiterte Neuauflage 2017.
- Verne Harnish, *Scaling Up. Skalieren auch Sie! Weshalb es einige Unternehmen packen ... und warum andere stranden*. München: ScaleUp Institut 2016.
- Hermann Scherer, *Fokus! Provokative Ideen für Menschen, die etwas erreichen wollen*. Frankfurt: Campus Verlag 2016.

- Drew Eric Whitman, *Cashvertising: 100 Geheimnisse der Werbepsychologie, um alles an wirklich jeden zu verkaufen und das große Geld zu machen*. Hamburg: Klarsicht Verlag, 2. Auflage 2022.

Trotzdem wirst du aus Büchern niemals alles erfahren, was dich im Leben voranbringt. Auch das dickste BWL-Buch kann den Austausch mit anderen Unternehmern und Unternehmerinnen und erst recht eigene Erfahrung niemals ersetzen. Deshalb findest du in diesem Abschnitt einige der für mich wichtigsten Lernerfahrungen.

Kein Business läuft besser, wenn du es komplizierter machst

Vor einigen Wochen erhielt ich das Angebot des Parkettlegers, den ich bei unserem Hausbau beauftragen wollte. Es umfasste stolze 26 (in Worten: sechsundzwanzig) Seiten. Neben dem, was wir eigentlich besprochen hatten und was ich mühsam aus den vielen Seiten herausfiltern musste, wurden noch etliche Alternativen angeboten und sämtliche Einzelteile aufgelistet. Mein erster Gedanke war: absagen. Doch da ich befürchten musste, der nächste Handwerker macht es mir nicht viel einfacher, erteilte ich den Auftrag. Was soll das? Wer hat das Gerücht in die Welt gesetzt, dass ein dickes, für den Laien kaum nachvollziehbares und mühsam zu lesendes Angebot bei Kunden besonders viel Eindruck schindet? ***Das Leben ist kompliziert genug.*** Und im Angebot Argumente oder Alternativen nachliefern zu wollen, die man vorher nicht losgeworden ist, ist ohnehin eine schräge Idee. Das versuchen vor allem Anbieter, die sich schwer tun mit dem Verkaufen. Da wäre ein Verkaufstraining die bessere Lösung.

Mach dein Business so einfach wie möglich – für dich und für deine Kunden. Setze auf Klarheit. Das gilt auch für deine

Positionierung. Verkauf nicht alles und nix. Idealerweise lässt sich auf eine simple Formel bringen, was du anbietest. Wir sagen heute zum Beispiel: »Wir bringen Leuten effektive Werbung bei Facebook, Instagram und YouTube bei.« *That's it.* Und wir leben sehr gut davon, weil wir mit dieser glasklaren Positionierung inzwischen die Nummer eins in diesem Bereich sind. Nicht umsonst heißt es im Marketing: *Keep it short and simple* (KISS). Die Formel »Je einfacher, desto besser« funktioniert in vielen Bereichen. Was machst du beispielsweise, wenn du an einer Restaurant- oder Ladentür liest »Nur Barzahlung«? Wenn eine Alternative in Reichweite ist, gehst du vermutlich dorthin, wo man es den Kunden einfacher macht.

Nimm kurze Wege statt Dienstwege

Wäre Tesla ein deutsches Unternehmen, würde man vermutlich immer noch auf die Baugenehmigung für das Werk in Grünheide warten und zusehen, wie die Konkurrenz den Markt für Elektroautos aufrollt. Elon Musk hat auf eigenes Risiko losgelegt und nach nur zwei Jahren Bauzeit laufen seit März 2022 die ersten Fahrzeuge vom Band. Natürlich kann ein Mega-Star wie Elon Musk sich ausrechnen, dass der Staat ihn nicht zwingen wird, seine Fertigungshallen abzureißen und wieder Kiefern in die strukturschwache brandenburgische Provinz zu pflanzen. Trotzdem imponiert mir seine Macher-Mentalität. Sie ist ein wichtiger Erfolgsfaktor. ***Es ist besser, Probleme zu lösen, wenn sie entstehen, statt vor lauter Problembewusstsein endlos zu zögern.*** Viele Menschen kommen vor lauter »Was wäre, wenn«-Überlegungen gar nicht zum Handeln. Erfolgreiche Unternehmer und Unternehmerinnen dagegen sind handlungsorientiert. Sie denken vom Ende her. Und wenn das Zielbild steht, legen sie los.

Ein anderes Beispiel: Seit meiner Jugend habe ich türkische Freunde. Daher weiß ich: Will ein Türke ein Geschäft aufmachen, legt er im Allgemeinen sofort los, mietet Räume, bestellt Ware und so weiter. Um die Formalitäten kümmert er sich später. Will ein Deutscher ein Geschäft aufmachen, absolviert er zunächst einen IHK-Kurs, erkundigt sich dann bei der Arbeitsagentur nach Gründerzuschüssen (ein Termin, auf den er erst einmal Wochen wartet), meldet anschließend ein Gewerbe an und besorgt sich schließlich eine Steuernummer. Monate gehen ins Land, bis er endlich den Laden aufmacht, und wenn er Pech hat, war ein anderer (zum Beispiel sein türkischer Nachbar) schneller. Schon klar: Klischee-Alarm! Aber in vielen Klischees steckt eben auch ein Korn Wahrheit.

Heute zählt Schnelligkeit mehr als Gründlichkeit. Perfektionieren kannst du immer noch. Komm ins Handeln, geh den direkten Weg. Das bedeutet zum Beispiel auch, möglichst gleich den Entscheidungsträger zu sprechen, statt dich von Mitarbeitern oder Vorzimmern ausbremsen zu lassen. Dabei sind persönliche Kontakte Gold wert. Was mich zum nächsten Punkt führt.

Buch das VIP-Ticket

Ich weiß, diesen Tipp habe ich weiter oben schon gegeben. Doch hier zur Sicherheit noch einmal für alle, die Bücher gern queroder nur auszugsweise lesen: Die wertvollsten Business-Kontakte knüpfst du dort, wo sich die Erfolgreichen versammeln. Das ist auch ***der tiefere Sinn der hochpreisigen VIP-Tickets für Veranstaltungen*** – nicht der reservierte Sitzplatz in den ersten Reihen oder die bessere Pausenverpflegung. Betrachte ein teureres VIP-Ticket daher als betriebliche Investition, die sich vielfach auszahlt, wenn du gut vorbereitet zur Veranstaltung fährst und aktiv Kontakte knüpfst. Und das beginnt schon beim gründlichen Studium der Teilnahmeliste, wenn es vorab eine gibt.

Zerstöre nicht gut laufende Prozesse

Manchmal sehe ich das bei Kunden: Nach Jahren der Stabilität soll plötzlich etwas Neues her. Die alte Website läuft zwar prima, der Onlineshop verkauft gut, aber nun soll auf einmal alles moderner, flotter, auf jeden Fall anders werden: »Wir arbeiten schon seit zehn Jahren mit dieser Seite. Das geht so nicht mehr!« Also wird entwickelt, vermeintlich optimiert und umgestellt. Der schlimmste Fehler, der dabei gemacht wird, ist eine Umstellung von jetzt auf gleich, also im Fall der Website: die alte Seite vom Netz nehmen und die neue zeitgleich freischalten. Dann funktioniert häufig erst mal gar nichts mehr. Oder schlimmer noch, man stellt fest, dass die neue Website dauerhaft weniger verkauft als die alte, vielleicht weil sie unübersichtlicher ist oder die Zielgruppe nicht mehr so gut erreicht. Deshalb heißt es auch »Never change a running system«. Statt einer Komplettumstellung bewährt sich oft eher die behutsame Modernisierung im laufenden Prozess. ***Nivea macht die blaue Cremedose ja auch nicht plötzlich grün.*** Und wenn es einen radikalen Wechsel geben soll, kann man zur Sicherheit beide Systeme – alt und neu – eine Weile parallel laufen lassen.

Umsatz ist wichtiger als Likes

Sobald du als Unternehmer erfolgreich bist, wirst du auf Neider treffen. Ob du ein größeres Büro mietest, ein teureres Auto fährst oder in den sozialen Medien über Erfolge berichtest, irgendwer wird sich immer daran stoßen. Dem einen gefällt dein Geschäftsmodell nicht, dem anderen dein Auftreten, und der Dritte ist vielleicht einfach ein Konkurrent, der dir inkognito ans Bein pinkelt, um dir geschäftlich zu schaden. Seit in den sozialen Medien jeder vom heimischen Sofa aus sekundenschnell eine breite Öffentlichkeit erreichen kann, nutzen das leider viele auch, um den eigenen Frust abzulassen. Darauf gibt es nur eine vernünftige Reaktion: Lass es an dir abprallen! Es macht nichts, wenn einige dich belächeln und andere dich hassen. Im Gegenteil: Es ist sogar besser zu polarisieren, als *everybody's darling* zu sein. So fällst du in der Masse der Angebote wenigstens auf. ***Wäre Dieter Bohlen ein freundlicher älterer Herr, wäre seine Fernsehkarriere vermutlich längst zu Ende.*** Erst seine Pöbeleien machen ihn für viele Zuschauer interessant. An zahlreichen Erfolgsprodukten scheiden sich die Geister. Ob Ryanair, McDonalds, GTM (Germany's Next Topmodel) oder Nutella – entweder man liebt es oder man hasst es. Die Folge: Jeder kennt es. Solange du genügend Kunden hast, kannst du ein paar Negativstimmen also locker verschmerzen. Mehr noch: Du kannst sie sogar als Indiz dafür betrachten, dass du eine klare Positionierung hast, die auffällt und Interesse weckt, im positiven wie im negativen Sinne. Besser kritisiert als ignoriert!

Gelassen auf verbale Angriffe zu reagieren, ist natürlich nicht immer einfach, denn wir Menschen sind soziale Wesen. Tief in uns drin lauert vermutlich noch die irrationale Angst, von der Herde ausgeschlossen zu werden. Vielleicht hilft es dir, wenn du dir vor Augen führst, dass die meisten Neiderinnen und Pöbler eher ein Problem mit sich selbst als mit dir haben. Je unflätiger die Person, desto verkorkster ist sie häufig. Denn wie gesagt: Ich habe noch nie einen Hater getroffen, der erfolgreicher war als ich. Und am Ende zählt nicht die Zahl der Likes, die du sammelst. Was wirklich zählt, ist die Zahl, die am Monatsende auf deinem Geschäftskonto steht.

Facts tell, stories sell

Okay, zu dieser These gibt es Bücher, sogar mehrere. Trotzdem nehme ich sie hier auf, weil dieser Zusammenhang vielen gerade kleineren Unternehmern nicht bewusst ist. Vor Jahren gestalteten wir eine Website für einen Tischler, der sich angesichts der Billigkonkurrenz beim Möbeldiscounter oder bei Ebay große

Sorgen um seinen Handwerksbetrieb machte. »Wie soll ich einen Tisch für 3 000 Euro verkaufen, wenn die Leute woanders einen, der für sie ganz ähnlich aussieht, für 300 Euro finden?« Dabei war das, was dieser Unternehmer für selbstverständlich hielt, bereits eine tolle Story: Dass seine Tische von Hand gefertigte Einzelstücke waren. Dass das Holz dafür aus heimischen Wäldern stammte und dass er persönlich bei Holzbetrieben die besten Stücke dafür aussuchte. Dass auf diese Weise hochwertige und langlebige Unikate entstanden, die man noch seinen Urenkeln vererben konnte, während die importierte Billigkonkurrenz längst auf dem Sperrmüll gelandet war. Wir setzten eine Website auf, die diese Aspekte in den Vordergrund rückte. Gleichzeitig veränderte der Unternehmer mit dem neuen Bewusstsein auch sein Verkaufsverhalten. Die Kundenfrage »Warum ist denn das so teuer?« schreckte ihn nicht länger. Sie bot ihm jetzt eine Steilvorlage dafür, die Pluspunkte seines Angebots zu schildern.

Kunden kaufen keine Produkte. Sie kaufen Problemlösungen, vor allem aber kaufen sie gute Gefühle, sie kaufen ein Image. Davon leben alle bekannten Marken. Besonders offensichtlich ist das im Kosmetikbereich. Da kann die Stiftung Warentest zum hundertsten Mal erklären, die Sonnenmilch aus dem Drogeriemarkt für 2,95 Euro schütze sogar besser als die Nobelmarke aus der Parfümerie für 17,95 Euro – das sechsfach teure Produkt wird sich trotzdem weiter gut verkaufen. Rational ist das nicht zu erklären.

Fakten sprechen den Verstand an, Geschichten wecken Emotionen. Dabei siegt im Zweifelsfall immer das Gefühl. Meine eigene Geschichte beeinflusst die Buchung der Masterclass sicher genauso stark wie die zahlreichen Referenzen und Hinweise auf zum Teil beträchtliche Umsatzsteigerungen der Teilnehmer.[63] Spätestens, wenn ich erzähle, wie ich meine ersten Affiliate-Umsätze vom Kinderzimmer aus mit einem gebrauchten Laptop erzielte, den ich notdürftig mit Klebeband repariert hatte, und wenn der Blick dann auf Fotos von meinem Lamborghini fällt, spätestens dann schwinden die letzten Zweifel. Eine ähnliche Wirkung hat meine Aufnahme in den internationalen »Eight Figure Club« für nachweislich mehr als 10 000 000 Dollar erzielten Jahresumsatz durch Onlinemarketing im Jahr 2021 (eine Zahl mit acht Stellen, daher der Name). Die goldene Urkunde dazu hängt natürlich in meinem Büro und ist auf meiner Website abgebildet.

Hab Geduld

Manche Projekte brauchen einfach Zeit, sich zu entwickeln. Besonders fällt mir das auf, wenn Kunden oder Kollegen einen YouTube-Channel starten und erwarten, dass sich damit in wenigen Wochen ihr Leben verändert und sie ganz groß herauskommen. Erfahrungsgemäß bringen YouTube-Channels frühestens nach zwölf, eher nach 24 Monaten richtig Geld. Auch manche Affiliate-Kampagnen zünden nicht sofort. Wir experimentieren oft mit verschiedenen Anzeigen, verschiedenen Medien und sogar Tageszeiten, bis plötzlich die Post abgeht. Die eigentliche Kunst im Business besteht darin, ein Gefühl dafür zu entwickeln, wann du weiter am Ball bleiben und Geduld haben solltest und wann es Zeit wird, bei einem Projekt die Notbremse zu ziehen. Dabei helfen gute Berater oder auch eine vorher definierte Frist, bis wann ein Projekt sich rechnen muss. Manchmal hilft auch das Gespräch mit einem Kollegen oder einer anderen Unternehmerin, die dir unverblümt die Wahrheit sagen. Und am besten hilft auf Dauer dein eigenes Bauchgefühl, das umso zuverlässiger wird, je mehr Erfahrung du hast.

Optimiere deine Gewohnheiten, Schritt für Schritt

Gewohnheiten haben keinen besonders guten Ruf. Bezeichnet man jemanden als Gewohnheitstier, unterstellt man ihm damit meistens, träge und denkfaul zu sein. In dieser Allgemeinheit ist das natürlich Unsinn. Was stimmt: **Gewohnheiten entlasten.** Wenn ich etwas gewohnheitsmäßig tue, muss ich nicht lange darüber nachdenken und habe den Kopf frei für Wichtigeres und für Neues. Es müssen halt nur die richtigen Gewohnheiten sein.

Viele Gewohnheiten übernehmen wir von unseren Eltern, gute wie schlechte. Unsere Kindheit prägt uns enorm. Die Jesuiten sagen daher über Erziehung: »Gib mir das Kind, bis es sieben ist, und ich gebe dir den Mann zurück.« Es ist alles andere als einfach, Verhaltensweisen oder auch Glaubenssätze abzulegen, die uns in den ersten Lebensjahren eingeimpft wurden – zu einer Zeit also, in der wir Aussagen und Vorbilder noch nicht rational hinterfragen können. Für Kinder ist die Welt um sie herum selbstverständlich. Sie ist, wie sie ist, und nichts, was auch ganz anders aussehen könnte. Oft werden Gewohnheiten uns erst bewusst, wenn wir damit anecken, weil ein neuer Partner oder eine Partnerin sich daran stößt und das Zusammenleben neu ausgehandelt werden muss.

Es lohnt sich, seine Gewohnheiten regelmäßig zu überprüfen, denn ein wichtiges Erfolgsmoment besonders effektiver und dauerhaft leistungsstarker Menschen sind neben konstruktiven Glaubenssätzen auch ***die richtigen Gewohnheiten im Alltag.*** Würde Elon Musk die Nächte durchfeiern und viel Zeit vor dem Fernseher verbringen, wäre er nicht da, wo er heute ist. Im Vorteil ist, wer sich angewöhnt …

- … ausreichend zu schlafen und zu einer bestimmten Zeit ins Bett zu gehen,
- … nicht zu rauchen und nur mäßig Alkohol zu trinken, wenn überhaupt,
- … routinemäßig Sport zu machen, zum Beispiel jeden Tag zur gleichen Zeit,
- … gemäß seinem Biorhythmus wichtige Aufgaben in seine produktivste Phase zu legen,
- … regelmäßig Pausen zu machen und sich das Wochenende (oder zumindest einen Tag) freizuhalten,

- … sich bei jeder Aufgabe zu fragen: »Kann das ein anderer für mich in ausreichender Qualität erledigen?«
- … konsequent Nein zu Dingen zu sagen, die man nicht tun will,
- … konsequent Entscheidungen zu treffen, statt diese vor sich herzuschieben.

Die Liste ließe sich fortsetzen, und im Grunde weißt du das alles ja auch schon. ***Wissen ist meistens nicht das Problem, das Problem ist das Tun.*** Wenn du eher ungünstige Gewohnheiten pflegst, ersetze nach und nach negative Gewohnheiten durch neue, positive. Fang lieber mit einer einzigen Sache an, statt dir zu viel auf einmal vorzunehmen. Willenskraft ist endlich, und sich zu ändern, ist wie gesagt nicht leicht, was auch Psychologen und Neurologen betonen. Deshalb geht man heute davon aus, dass es rund zwei Monate dauert, bis eine alte Gewohnheit durch eine neue, günstigere ersetzt wurde. Erst, wenn du acht Wochen lang morgens in deine Laufschuhe geschlüpft bist und eine Runde gedreht hast, denkst du nicht mehr darüber nach, ob es heute vielleicht zu kalt, zu nass, zu eilig oder sonst wie nicht so günstig zum Laufen sein könnte. Am ehesten funktioniert das Einüben neuer Gewohnheiten, wenn du dir Verbündete suchst – zum Beispiel einen Laufpartner – und wenn du dich für Erfolge belohnst. Und selbst, wenn du dir immer nur eine Routine auf einmal vornimmst, könntest du im Jahr immerhin fünf bis sechs Gewohnheiten durch neue, bessere überschreiben.

Im meinem jetzigen ausbalancierten Leben hat sich übrigens genügend Schlaf als wichtigste neue Gewohnheit herausgestellt. ***Ausgeruht an den Schreibtisch zu gehen, ist für mich wie Gehirn-Doping.*** Ich bin nicht nur deutlich effektiver, sondern habe auch die besseren Ideen. Das zieht sich durch von Projekt zu Projekt, und weil mir die Arbeit leichter von der Hand geht, schlafe ich auch besser als früher. Probiere es aus – ich bin sicher, es wird dir ähnlich gehen. Manchmal sind die einfachsten Dinge zugleich die wirksamsten. Man muss sie halt nur tun!

Am Ziel der Reichen

Frei und unabhängig

Damit sind wir schon fast am Ziel – jedenfalls sind wir im Heute angekommen. Meine Reise geht natürlich weiter. Ich werde nicht stehen bleiben und mich auf meinen Lorbeeren ausruhen. Ich liebe, was ich tue, und deshalb arbeite ich weiter, nur mit mehr Fokus, mehr Gelassenheit und dadurch auch mehr Freude als in meinen Anfangsjahren.

Morgens Schampus, mittags Gucci und abends Fünf Sterne?

Das Ziel der meisten wohlhabenden Menschen ist eben nicht der konsumorientierte Müßiggang nach dem Muster »morgens Schampus, mittags Gucci und abends Fünf Sterne auf Malle«. Das gibt's nur bei den Geissens, und selbst die langweilen sich dabei offenbar so sehr, dass sie nebenbei eine Reality-TV-Serie drehen. Überhaupt: Wann ist man reich? Bei 5 Millionen? Zehn? Hundert? Oder erst als superreicher Milliardär? Meine Erfahrung ist: ***Für die eigene Lebenszufriedenheit spielt es keine Rolle, wie viele Nullen die Zahl auf dem Konto hat, solange es mehr als nur drei oder vier sind.*** Was eher eine Rolle spielt: Habe ich eine Beschäftigung, die mich begeistert und die meinem Leben einen Sinn gibt? Ein Vorbild ist für mich der 80-jährige Multimillionär in der Nachbarschaft, der durch Anteile am Blackberry-Hersteller wohlhabend wurde. Ich begegne ihm manchmal beim Joggen. Also ich jogge, und er macht einen flotten Spaziergang, und das jeden Morgen zwischen 6 und 7 Uhr. Dabei ist er schon voll gestylt in Anzug und Krawatte. Er hat es eilig, an den Schreibtisch zu kommen, denn er arbeitet immer noch. »Wenn ich aufhörte zu arbeiten, würde ich implodieren wie ein überhitzter Motor«, sagte er einmal scherzhaft zu mir.

Vom wahren Nutzen der Statussymbole

Vielleicht fragst du dich, warum du Fotos mit Lamborghini oder goldener Uhr von mir im Netz findest, wenn die Zurschaustellung von Reichtum mir eigentlich nichts bedeutet. Ich bin einmal in einem Porsche-Laden auf dem Absatz umgedreht, weil der Verkäufer mich mit Basecap und Hoodie offenbar nicht ernst nahm: »Was willst *du* denn hier?« ***Privat muss ich nicht mit Erfolgssymbolen auftrumpfen. Im Business ist das anders.*** Das Zauberwort heißt Marketing. Damit bestimmte Kunden mir abnehmen, dass ich es mit Onlinemarketing zu Wohlstand gebracht habe, braucht es Beweisbilder, jedenfalls für manche Leute. Ein Bild sagt tatsächlich mehr als Tausend Worte. Natürlich erfreue ich mich auch an schönen Dingen, aber mein Herz hängt nicht daran. Und du glaubst gar nicht, wie viele Kunden ich schon über Instagram gewonnen habe. Instagram ist ein Medium, das förmlich von Angeberfotos lebt. Kunden fanden mich dort nicht etwa, weil sie sich selbst als gestandene Geschäftsleute auf Insta tummeln, sondern weil ein Sohn zu seinem Papa oder seiner Mama lief und sagte: »Guck mal, der hat einen Lambo!« Und weil der Papa oder die Mama dann neugierig auf den Besitzer wurden. Gutes Marketing ist eben nicht nur die Kunst, jede Zielgruppe auf die passende Weise anzusprechen. Gutes Marketing bedeutet darüber hinaus, auch mal um die Ecke zu denken. Deshalb bin ich nicht nur in Business-Netzwerken wie LinkedIn zu finden, sondern auch bei Instagram und Facebook: anderes Medium, andere Zielgruppe, andere Reichweite.

Vor Publikum

Aufmerksamkeit ist heute eine knappe Währung, und man muss sich gut überlegen, wie man sie für sich gewinnt. Das ist mein Daily Business, und deshalb gibt es in der Masterclass auch viel Stoff und zahlreiche Erfolgstipps.

Wie die Geschichte mit dem Porsche weiterging? Ich habe geantwortet: »Eigentlich wollte ich einen Porsche kaufen. Jetzt nicht mehr.« In der Niederlassung ein paar Orte weiter war man dann erheblich freundlicher und konnte ein schönes Geschäft machen. Auch das ist ein angenehmer Nebeneffekt, wenn du Geld hast: ***Du musst dir nichts gefallen lassen.***

Mein Leben früher, mein Leben heute

Mein Leben heute und mein Leben vor 20 Jahren unterscheiden sich also nicht dadurch, dass ich früher arbeiten musste und heute faulenze. Sie unterscheiden sich dadurch, dass ich früher extrem hart gearbeitet habe und heute extrem fokussiert arbeite. Heute erreiche ich in weniger Zeit mehr als früher. Ich bin ruhiger geworden, ich muss nicht mehr bis zur Erschöpfung ackern. Ich kann mein Leben genießen. Das Geld gibt mir Sicherheit, keine Frage. Aber die wahre Sicherheit ist meine Erfahrung, eine große Schatztruhe angewandten Wissens. Dieses Wissen verleiht mir Souveränität. ***Ich habe es einmal geschafft, ich werde es wieder schaffen.*** Sollte ich morgen durch irgendeinen Umstand pleitegehen (eher unwahrscheinlich, aber mal angenommen), wäre ich in kurzer Zeit wieder da, wo ich heute bin. Da bin ich mir ganz sicher. Und das kannst du auch, wenn du hartnäckig und konsequent darauf hinarbeitest.

Meine Herkunft hat mich nicht am Erfolg gehindert, im Gegenteil: Sie hat mir den Biss verliehen, der mich durchhalten ließ. Missbrauche schlechte Startbedingungen also nicht als lahme Entschuldigung dafür, dass du nichts auf die Reihe kriegst. Es ist egal, wo du herkommst. Entscheidend ist, wo du hinwillst. Und wie sehr du bereit bist, alles dafür zu geben!

FAZIT
DEIN MINDSET BESTIMMT DEIN LEBEN

»Mein einziger Job ist, dass ich morgen besser bin als heute.«

Dawid Przybylski

»Ich glaube nicht an Umstände«, schrieb George Bernard Shaw vor vielen Jahren. »Diejenigen, die in der Welt vorankommen, gehen hin und suchen sich die Umstände, die sie wollen, und wenn sie sie nicht finden können, schaffen sie sie selbst.«

Shaw war Literatur-Nobelpreisträger, gefeierter Theaterautor, Oscar-Gewinner und starb mit über 90 Jahren als reicher Mann. Die Umstände, in denen er aufwuchs, waren allerdings nicht besonders günstig. Sein Vater war ein erfolgloser Geschäftsmann und Alkoholiker. Seine Mutter verließ die Familie, als George 16 Jahre alt war. Die beiden Töchter nahm sie mit, den Sohn überließ sie dem Vater.[64] Shaw wusste also, wovon er sprach. Er war fast 40, als sich sein Erfolg schließlich einstellte. Bis dahin hatte er unbeirrbar weitergemacht und unter anderem fünf Romane geschrieben, die kein einziger Verlag veröffentlichen wollte. Dennoch brachte er es am Ende zu Ruhm und Reichtum, während die meisten anderen wohl aufgegeben hätten. Heute würde man sagen: Sein Mindset war der entscheidende Erfolgsfaktor. Daran hat sich in den letzten hundert Jahren nichts geändert.

Die Bedingungen, unter denen meine »Gang« in Plettenberg aufwuchs, waren für alle ähnlich. Trotzdem landeten manche von uns im Gefängnis und andere auf dem Chefsessel. Leicht hatte es keiner von uns. Aber einige schafften es trotzdem, das Beste aus sich und ihrem Leben zu machen. Ich bin ja nicht der Einzige, dem dies gelungen ist. Welche Glaubenssätze und Haltungen meiner Erfahrung nach dabei helfen, im Leben voranzukommen, möchte ich zum Schluss hier für dich zusammenfassen.

Mindset-Faktor 1: Lösungsorientierung

In der Firma treffen wir uns wöchentlich einmal zum Jour Fixe. Mein häufigster Satz in dieser Runde ist: ***»Und was ist die Lösung?«*** Diese Frage stelle ich immer dann, wenn wieder einmal jemand ausführlich erklärt, wer nervt oder was nicht funktioniert, wer daran Schuld hat und warum das so nicht weitergehen kann. Dann unterbreche ich regelmäßig, denn jammern und klagen bringt keinen Schritt voran. Mit dem Finger auf andere zeigen, auch nicht. Beides kostet nur jede Menge Energie. Investiere diese Energie lieber in das Finden von Lösungen. Da hast du mehr davon und deine Chefs oder Kunden werden dich dafür lieben.

Mindset-Faktor 2: Aus der Vergangenheit lernen

Jeder macht Fehler, das lässt sich nicht ändern. Manchmal ist das sogar der einzige Weg, um herauszufinden, was funktioniert und was nicht. Die Fehler sind nicht das Problem. Ein Problem hast du erst, wenn du denselben Fehler immer wieder machst. Es gibt Menschen, die fallen ständig auf die falschen Partner herein, von denen sie dann einer nach dem anderen auf exakt die gleiche Weise unglücklich macht. Andere taumeln von einer vermeintlich genialen Geschäftsidee zur nächsten und setzen dabei jedes Mal Geld in den Sand. ***Wenn der Fehler im System liegt – also in der Art zu denken und zu handeln –, musst du das System ändern.*** Im Grunde genommen geht es schlicht darum, aus der Vergangenheit zu lernen. Dazu sind Erfahrungen schließlich da: um klüger zu werden.

Mindset-Faktor 3: Zwei Schritte vorausdenken

Ich liebe es, Schach zu spielen. Mein Großvater brachte mir das Spiel in den Sommerferien bei, als ich noch zur Grundschule ging. Der Erfolg beim Schachspiel hängt davon ab, die nächsten Züge vorauszudenken und auch die möglichen Züge des Gegners einzukalkulieren. Dieses Vorausdenken ist ein wichtiger Erfolgsfaktor im Leben, ob im Business oder privat. ***Welche Folgen hat mein Handeln im nächsten und im übernächsten Schritt?*** Wenn ich zu viel Party mache und deshalb die Prüfung versemmele, muss ich vielleicht das Schuljahr oder das Semester wiederholen. Ist es das wert? Und wenn ich viel Zeit in ein Projekt investiere, das mir nur einmalig Umsatz bringt, statt in derselben Zeit etwas zu entwickeln, das mir dann laufend Einnahmen verschafft, ist es dann klug, das »Einmal-Projekt« anzugehen?

Mindset-Faktor 4: Nicht nur abarbeiten, sondern mitarbeiten

Die Welt ist voller Abarbeiter. Damit meine ich Menschen, die haargenau das und *nur* das tun, was in ihrer Stellenbeschreibung steht, und das oft auch noch schlecht. Glaub mir, ich hatte genügend Aushilfsjobs, um zu wissen, dass man in jedem Beruf miese Ergebnisse liefern kann. Das körperlich anstrengendste Vierteljahr meines Lebens verbrachte ich mit 16 als Hilfsarbeiter in einer Baumschule. Ich war abends so fertig wie ein überfahrenes Eichhörnchen. Aber ich verstand schnell, warum manche Kunden regelrecht Angst vor Handwerkereinsätzen haben. Wenn die Terrasse verwüstet wird, nur weil zwei Büsche zu pflanzen sind, gibt's natürlich auch kein Trinkgeld. Mitarbeiten hieß in diesem Fall schlicht: freundlich sein, kein Chaos anrichten und hinterher den Dreck selber wieder wegfegen. Dann stimmt auch das Trinkgeld. Das lässt sich sinngemäß auf alle Jobs übertragen: ***Mitdenken zahlt sich aus.***

Mindset-Faktor 5: Tun, was du liebst

Es gibt diesen Spruch, dass du nie mehr arbeiten musst, wenn du tust, was du liebst. ***Die Arbeit fühlt sich dann nicht mehr wie Arbeit an.*** Wenn du Skateboardfahren liebst, such' dir einen Job im Skateboard-Shop, statt in der Kneipe zu kellnern. Wer weiß, welche Karriere daraus einmal wird. Der zwölfjährige

Sohn eines befreundeten Arztes liebt es, Schuhe zu designen. Er macht aus Sneakern kleine Kunstwerke, indem er sie bemalt. Erst hat er Tutorials dazu bei YouTube eingestellt. Inzwischen hat er bezahlte Aufträge und verdient pro Paar fast 300 Euro. Noch betrachtet sein Vater diese Leidenschaft mit Skepsis. Vielleicht ändert sich das, wenn sein Sohn einmal ein berühmter Designer ist.

Mindset-Faktor 6: Lieben, was du tust

Okay, das ist jetzt ein bisschen schwieriger. Auch wenn dein Job dich manchmal nervt oder dich sogar jeden Tag anödet, bringt es nichts, dir das ständig vor Augen zu führen. Versuch stattdessen mal, den Job zu lieben. Wenn du Brötchen verkaufst, lächle mehr. Pack das Croissant nicht unten in die Tüte, wo es von den anderen Brötchen zerkrümelt wird, sondern nimm die Extratüte. Frag den Kunden, ob er gern Erdbeerkuchen isst, weil ihr gerade superleckeren da hättet. Und so weiter. Du wirst feststellen, dass dir der Job tatsächlich mehr Spaß macht, weil gut drauf sein mehr Spaß macht als Selbstmitleid und schlecht drauf sein. Und weil die Kunden plötzlich auch viel netter sind. Gilt nicht nur für Brötchen, sondern auch für Kosmetik, Reisen, Website-Gestaltung und alles andere. Denn ***was du ausstrahlst, ziehst du an.***

Mindset-Faktor 7: Neugierig bleiben, hungrig bleiben

Wenn ich auf einer Veranstaltung jemanden treffe, der sich im Onlinemarketing wirklich auskennt, haben wir in zwei Minuten alle anderen um uns herum vertrieben. In Nullkommanix sprechen wir nur noch Fachchinesisch, dem keiner mehr folgen kann. Ich genieße solche Gespräche, weil ich immer noch neugierig bin auf neue Techniken und neue Möglichkeiten.

Ich käme nie auf die Idee, dass ich schon alles weiß. Das gilt vermutlich für alle, die sehr gut in ihrem Fach sind. Unvorstellbar, dass Robert Lewandowski eines Morgens zum Trainer sagt: »Erzähl mir nichts, über Fußball weiß ich schon Bescheid!« Oder dass Unternehmerstar Gary Vaynerchuk, dem auf Instagram und Twitter Millionen folgen, seine Zeit nur noch auf dem Golfplatz verbringt, weil er meint, im Business gäbe es für ihn nichts mehr zu entdecken. Je mehr Erfahrung du hast, je mehr du weißt, desto größer ist dein Potenzial, noch besser zu werden. Dann wirst du dich niemals langweilen.

Mindset-Faktor 8: In dich investieren

In manchen Kreisen gilt es als cool, abzuhängen. Unter 14- bis 18-Jährigen greift diese Haltung um sich wie ein hochansteckendes Virus, und mancher krankt ein Leben lang daran. Dabei ist das Blödsinn. **Es ist viel cooler, in sich selbst zu investieren,** Dinge auszuprobieren und seine Leidenschaft zu entdecken, als gelangweilt irgendwo herumzuhängen und sich die immergleichen Sprüche der immergleichen Leute anzuhören. Lerne dazu, bilde dich weiter. Geldmangel ist nur eine Ausrede: Im Netz gibt es heute für buchstäblich alles Tutorials. Und schon für Jugendliche gibt es dank des Internets unzählige Möglichkeiten, ein kleines Business zu starten. **Das Internet ist nicht nur Insta!**

Mindset-Faktor 9: Eigenverantwortung

Sprüche, die ich wirklich hasse: »Die Ausbildung konnte ich nicht abschließen, ich habe da keine Förderung gekriegt.« Oder »Ich wollte mich gerne selbstständig machen, aber das Arbeitsamt bewilligt mir dies oder jenes nicht.« Oder: »Ich würde ja den Abschluss nachholen, aber dafür bin ich zu alt.« Meine inzwischen

70-jährige Mutter arbeitet immer noch. Sie hat erst vor wenigen Jahren den Umgang mit dem Computer gelernt. Inzwischen beherrscht sie das Warenwirtschaftssystem in dem Laden, wo sie arbeitet, so gut, dass sie Kollegen helfen kann, wenn die mal nicht weiterkommen.

Wer etwas will, findet Wege. Wer etwas nicht will, findet Ausreden. Die Eintrittskarte in ein besseres Leben ist Eigenverantwortung. Baue nicht darauf, dass der Staat oder irgendein Amt dir das Leben leicht machen. ***Es gibt kein Recht auf anstrengungslosen Erfolg.*** Werde also selbst aktiv. Und nebenbei bemerkt: Ich kenne kein anderes Land, in dem es so viele Fördermöglichkeiten und ein so gut ausgebautes soziales Netz gibt wie in Deutschland, und ich bin schon ein bisschen in der Welt herumgekommen. Viele meiner Freunde mit ausländischen Wurzeln sind ebenfalls dankbar für die Möglichkeiten, die sich ihnen hierzulande geboten haben, von der kostenlosen Schulausbildung über Vereine und andere Aktivitäten. Also beschwer dich nicht, sondern geh deinen Weg!

Mindset-Faktor 10: Den Startvorteil in Nachteilen erkennen

In meiner Masterclass sind die Teilnehmer überdurchschnittlich erfolgreich, die vorher schon unternehmerische Erfolge vorzuweisen hatten – Überflieger, die superdiszipliniert arbeiten. Die zweite Gruppe, die sehr erfolgreich ist, bilden erstaunlicherweise diejenigen mit der schlechtesten Ausgangslage – Menschen, die drastisch ausgedrückt ziemlich viel Sch... gefressen haben. Diese Teilnehmer haben einen unglaublichen Biss, sich aus ihrer momentanen Situation rauszuarbeiten. Auch sie verzeichnen überdurchschnittlich hohe Umsatzzuwächse, weil sie das Erlernte schnell und konsequent umsetzen. Ein Beispiel ist ein Schweißer, der unbedingt aus seinem anstrengenden und mäßig bezahlten Job herauswollte und der in nur zwei Jahren zu einem sehr erfolgreichen Network-Marketer wurde. Eher mittelprächtig entwickeln sich dagegen die Umsätze bei der gesetzten Mittelschicht. Damit meine ich Teilnehmer, die bereits ein gutes Auskommen haben und die das Thema Onlinemarketing interessant finden. Auch sie erzielen höhere Umsätze in ihrem Business als vor der Masterclass, jedoch nicht in dem Ausmaß wie die beiden anderen Gruppen. Was ich damit sagen will:

Eine schwere Kindheit, schlechte Lehrer und unfaire Chefs – all das kann eine willkommene Ausrede sein, wenn jemand nichts auf die Reihe bekommt. Oder der Betroffene macht genau das zum Antrieb, es erst recht zu schaffen. Wenn auch deine Startvoraussetzungen nicht optimal sind, wünsche ich mir sehr, dass du dich für die zweite Möglichkeit entscheidest! Dann wirst du über kurz oder lang auch Unterstützern begegnen, die dein Potenzial erkennen und dir auf deinem Weg weiterhelfen.

Wenn dieses Buch dich dazu ermutigt, hat es seinen Zweck erfüllt. Es konnte hoffentlich dazu beitragen, dir den Weg zu weisen. Gehen musst du ihn selbst!

Anmerkungen

1 Die Erlebnisse sind echt, aber die Namen meiner Kumpel habe ich geändert, um ihr Persönlichkeitsrecht zu schützen.
2 Vgl. https://www.iwkoeln.de/fileadmin/user_upload/Studien/IW-Trends/PDF/2019/IW-Trends_2019-02-06_Grundschulkinder.pdf
3 Zit. nach https://www.sueddeutsche.de/bildung/studie-grundschule-sport-1.4489529
4 Zum Ursprung des Zitats vgl. https://www.dw.com/de/flink-wie-windhunde-z%C3%A4h-wie-leder-hart-wie-kruppstahl/a-16373027
5 Vgl. https://www.welt.de/debatte/kommentare/article174642068/Reich-und-arm-Wir-Deutschen-sind-Neidweltmeister.html
6 Vgl. https://www.vgsd.de/jetzt-ist-es-amtlich-deutschland-hat-eine-neidkultur/
7 In Anlehnung an ein Zitat des Philosophen Søren Kierkegaard: »Das Vergleichen ist das Ende des Glücks und der Anfang der Unzufriedenheit.«
8 Vgl. https://www.forbes.com/billionaires/
9 Vgl. Brad Stone, *Der Allesverkäufer: Jeff Bezos und das Imperium von Amazon*. Frankfurt: Campus Verlag 2013.
10 Vgl. Walter Mischel, *Der Marshmallow-Effekt: Wie Willensstärke unsere Persönlichkeit prägt*. München: Pantheon 2016.
11 Vgl. https://www.spektrum.de/news/wurde-das-beruehmte-psychologische-experiment-falsch-interpretiert/1568452
12 Vgl. Rainer Hank, »Geduld macht reich«, in: *Frankfurter Allgemeine Sonntagszeitung*, 23.01.2022, S. 18.
13 Quellen: https://www.youtube.com/watch?v=dnp-8GrHOIk (Pauls Auftritt in der Show), https://de.wikipedia.org/wiki/Paul_Potts, https://vermoegen.org/paul-potts-vermoegen/
14 1997 nutzten nur 4 Millionen Deutsche über 14 Jahre das Internet, 2021 waren es knapp 67 Millionen. Quelle: https://de.statista.com/statistik/daten/studie/36146/umfrage/anzahl-der-internetnutzer-in-deutschland-seit-1997/
15 Eine gute Zusammenfassung dieser Entwicklung gab das Magazin *Capital* im September 2021 unter der Überschrift »Wie im Jahr 2000 die Dotcom-Blase platzte«; vgl. https://www.capital.de/wirtschaft-politik/wie-die-dotcom-blase-im-jahr-2000-platzte-und-die-new-economy-mit-sich-riss?article_onepage=true
16 Vgl. https://www.titus.de, https://de.wikipedia.org/wiki/Titus_Dittmann und https://titus-dittmann.de/biografie/
17 Vgl. https://www.ankerkraut.de/pages/uber-uns. https://www.stern.

de/kultur/die-hoehle-der-loewen--die-erfolgsgeschichte-von-anker-kraut-30778912.html und https://www.focus.de/finanzen/boerse/haben-sie-ihre-werte-verraten-ankerkraut-nach-verkauf-an-nestle-erleben-gruender-einen-shitstorm_id_84814113.html

18 Vgl. Hermann Scherer, *Glückskinder. Warum manche lebenslang Chancen suchen – und andere sie täglich nutzen.* Frankfurt am Main: Campus 2012, S. 79ff.

19 Bodo Schäfer, *Der Weg zur finanziellen Freiheit. Ihre erste Million in 7 Jahren.* München: dtv, 8. Aufl. 2018.

20 Gerd Gigerenzer, *Bauchentscheidungen. Die Intelligenz des Unbewussten und die Macht der Intuition.* München: Goldmann, 6. Aufl. 2008.

21 https://www.merkur.de/leben/karriere/unbeliebtesten-berufe-deutschlands-ihrer-dabei-zr-10274622.html

22 Deutsche Ausgaben: *David Ogilvy über Werbung: Das Standardwerk der Marketingbranche.* Hamburg: Klarsicht Verlag 2021; Joe Girard, *Ein Leben für den Verkauf: Bewährte Erfolgsrezepte für alle Branchen.* Wiesbaden: Gabler Verlag 2000.

23 In deutscher Übersetzung gibt es Steve Jobs' »Stanford Commencement Address« von 2005 im Netz unter https://www.mac-history.de/steve-jobs/2021-10-11/ubersetzung-der-rede-von-steve-jobs-vor-den-absolventen-der-stanford-universitat-2005

24 Quelle: https://www.capital.de/wirtschaft-politik/die-beliebtesten-webseiten-der-welt

25 Die jährlichen Befragungsergebnisse sind abrufbar unter https://www.gallup.com/de/gallup-deutschland.aspx

26 Laut Arbeitsrecht gehören Raucherpausen nicht zur Arbeitszeit. Für Details vgl. https://www.arbeitsrechte.de/raucherpause/

27 William Oncken/Donald L Wass, »Management Time: Who's Got the Monkey?«; Download unter https://www.med.unc.edu/uncaims/wp-content/uploads/sites/764/2014/03/Oncken-_-Wass-Who_s-Got-the-Monkey.pdf

28 Zur Zwei-Faktoren-Theorie von Herzberg vgl. z. B. https://de.wikipedia.org/wiki/Zwei-Faktoren-Theorie_(Herzberg)

29 Vgl. https://de.wikipedia.org/wiki/Parkinsonsche_Gesetze

30 Eine gute Übersicht zur Methode findest du hier: »Die OKR Methode – Einführung in Objectives and Key Results«, im Internet unter https://okrexperten.de/okr-methode/

31 Vgl. https://woopmylife.org/de/home

32 Brian Tracy, *Eat that Frog. 21 Wege, wie Sie in weniger Zeit mehr erreichen.* Offenbach: Gabal, 20. Aufl. 2019.

33 Eine gute Einführung ins EKS-Denken geben Kerstin Friedrich u. a., *Das große 1x1 der Erfolgsstrategie: EKS® – Die Strategie für die neue Wirtschaft.* Offenbach: Gabal, 26. Aufl. 2009.

34 https://finest-audience.de/

35 Quelle: Professor Uwe Kanning, Wirtschaftspsychologe im Interview mit der *Wirtschaftswoche* (21.03.2021); im Internet unter www.wiwo.de/erfolg/management/psychologe-ueber-coachings-ich-habe-viele-unsinnige-sachen-gesehen/26126980.html

36 Business Network International (BNI) ist ein professionelles

Netzwerk, das regelmäßige Frühstückstreffen für regionale Geschäftsleute unterschiedlicher Branchen organisiert, mit dem Ziel, sich gegenseitig zu fördern und mehr Umsatz zu machen. Jede Branche darf dazu in einem BNI-Team nur einmal vertreten sein. Vgl. https://bni.de

37 Vgl. https://www.ted.com/

38 Stephen R. Covey, *Die 7 Wege zur Effektivität: Prinzipien für persönlichen und beruflichen Erfolg.* Offenbach: Gabal, 58. Aufl. 2018.

39 Matthäus 7, Vers 16.

40 Eine Zusammenfassung der »anthroposophischen Biografiearbeit«, die wesentlich auf Bernard Lievegoed zurückgeht, findest du im Internet unter https://www.begegnungsraum.org/meine-arbeitsweise/biografiearbeit/

41 Gail Sheehy, *Die neuen Lebensphasen – Wie man aus jedem Alter das Beste machen kann.* München: List 1998.

42 Svenja Hofert, »4 Karrierelebensphasen, die nicht nur jeder Coach kennen sollte« (28.08.2019); im Internet unter https://karriereblog.svenja-hofert.de/psychologie/4-karrierelebensphasen-die-nicht-nur-jeder-coach-kennen-sollte/

43 Vgl. hierzu z. B. »8 Ebenen der Entwicklung von Organisationen und Menschen« unter https://teamentwicklung-lab.de/spiral-dynamics oder auch den ausführlichen Artikel »Spiral Dynamics« unter https://de.wikipedia.org/wiki/Spiral_Dynamics

44 Prediger 3, Vers 1.

45 Vgl. https://www.derstandard.de/story/2000123447905/studie-geld-macht-gluecklich-aber-gibt-es-einen-grenzwert (24.01.2021).

46 Eine Zusammenfassung der Studie findest du hier: https://www.diw.de/de/diw_01.c.795502.de/nachrichten/sehr_viel__geld_macht_doch_gluecklich.html, die ganze Studie von 2020 zum Download hier: https://www.diw.de/documents/publikationen/73/diw_01.c.793785.de/20-29-1.pdf

47 Vgl. https://www.gdv.de/resource/blob/67148/2056c383954ad6b-fa835a2098dfa3cbd/bericht-lebenszufriedenheit-im-alter-data.pdf

48 Quelle: https://de.statista.com/themen/130/lotto/

49 https://www.forbes.at/artikel/der-mann-im-schatten.html

50 Vgl. Ralph Bollmann, »Kunden unerwünscht«, *Frankfurter Allgemeine Sonntagszeitung* vom 23.01.2022, S. 17.

51 Quelle: Der Spiegel vom 12.02.2012 (»Unanständig arm«); im Internet unter https://www.spiegel.de/wirtschaft/unanstaendig-arm-a-882cf93f-0002-0001-0000-000083977232?context=issue

52 Ein Interview mit Deutschlands bekanntestem Frugalisten findest du hier: https://www.chip.de/news/Frugalist-Oliver-spart-60-Prozent-seines-Einkommens-und-so-sieht-sein-Alltag-aus_184026082.html

53 Wenn du mehr darüber wissen willst, kann ich dir ein Buch meines Freundes Mike Hager empfehlen: *Reich mit NFTs. Investieren in Non-Fungible Tokens: Alles, was du wissen musst.* München: FBV 2022.

54 Vgl. https://www.monopol-magazin.de/69-millionen-dollar-fuer-beeple-nft-bei-christies

55 Robert T. Kiyosaki, *Rich Dad, Poor Dad. Was die Reichen ihren Kindern über Geld beibringen*. München: FBV 2017, hier: S. 208.

56 Vgl. https://www.deraktionaer.de/artikel/aktien/2700-prozent-seit-boersengang-google-feiert-20-geburtstag-395450.html

57 Vgl. https://www.omegawatches.com/de-de/watch-omega-speedmaster-moonwatch-professional-co-axial-master-chronometer-chronograph-42-mm-31030425001001

58 Vgl. https://www.stern.de/lifestyle/mode/omega-moonswatch--verkauf-startet-bald-online--keine-limitierung-der-uhren-31736758.html und https://www.watchdavid.de/moonswatch-news/

59 Beate Sander, *Der Aktien- und Börsenführerschein. Aktien statt Sparbuch – die Lizenz zum Geldanlegen*. München: FBV, 10. Aufl. 2020.

60 ... einfach mal »Lottomillionäre pleite« googeln.

61 Quelle: https://de.statista.com/statistik/daten/studie/118/umfrage/fernsehkonsum-entwicklung-der-sehdauer-seit-1997/#professional

62 Vgl. https://www.blinkist.com/de und https://www.getabstract.com/de/

63 Vgl. https://finest-audience.de/

64 Vgl. https://dewiki.de/Lexikon/George_Bernard_Shaw und https://www.biography.com/writer/george-bernard-shaw#synopsis

Dank

Mein Ziel bei diesem Buch war es, Menschen Mut zu machen, die nicht auf der Sonnenseite aufgewachsen sind. Daneben möchte ich aber auch meinen Kindern Inspirationen für die Zukunft schenken. Ihnen soll das Buch als Augenöffner dienen, dass nicht immer alles auf vorgezeichneten Wegen und ohne Anstrengung geschieht, dass das Leben aber großartige Möglichkeiten bietet.

Wie zu jedem Buch haben auch zu diesem viele inspirierende Menschen beigetragen.

Es hätte nie ohne meine Frau entstehen können, die mir regelmäßig den Rücken frei hält, mich gleichzeitig motiviert und immer zum Lachen bringt. Sie ist der Grund in meinem Leben, warum ich lieben und herzlich lachen gelernt habe. Ein großes Dankeschön also an die Frau, die durch all meine Höhen und Tiefen seit fast 15 Jahren an meiner Seite steht. Danke auch meinen Söhnen Phil und Samu, die mich immer erden und oft das Leben spielend einfach sehen lassen.

Daneben geht ein Riesenlob an Dr. Petra Begemann, meinen literarischen Sparringspartner bei diesem Buch. Sie ist für mich zum Idol fürs Buchschreiben geworden.

Dank auch an Dirk Kreuter und Carsten Drüber, die mich vor fünf Jahren zum Schritt in die Öffentlichkeit motivierten und so auf die Bühne brachten. Dirk ist bis heute eine große Inspiration und der wichtigste deutsche Business-Influencer für mich.

Abschließend danke ich Dr. Judith Wilke-Primavesi und dem Campus Verlag für die Veröffentlichung. Campus zählt für mich zur Champions-League der deutschen Verlagsbranche. Ich freue mich daher sehr, dass sich gerade dort mein Traum vom eigenen Buch erfüllt hat!

Über Dawid Przybylski

Dawid Przybylski ist seit 20 Jahren erfolgreicher Unternehmer und Onlinemarketer. Aktuell führt er mit Finest Audience sein drittes größeres Unternehmen. Seine Masterclass avancierte in kurzer Zeit zur bedeutendsten Fortbildung in Sachen Social-Media-Marketing in Europa (https://finest-audience.de/masterclass).

Dawid wurde 1979 in Golub in Polen geboren und lebt seit seinem fünften Lebensjahr in Deutschland. Er wuchs in bescheidenen Verhältnissen auf. Nach dem Fachabitur studierte er in Soest Projektmanagement und Automatisierung. Dawid war früh fasziniert von den Möglichkeiten des Internets und gründete bereits zu Beginn seines Studiums mehrere Online-Unternehmen. Erste Erfolge hatte er unter anderem mit einem Flirtportal, das er mit Mitte 20 für 25 000 Euro verkaufte. Bereits sein zweites Unternehmen, die Onlinemarketing-Agentur Adzoom, war ein voller Erfolg. Sie betreute eine stetig wachsende Zahl namhafter Unternehmen, darunter Bundesligasponsoren mit hohen Millionenumsätzen. Während die Agentur auf über 20 Mitarbeiter und Mitarbeiterinnen anwuchs, drehte sich das Hamsterrad immer schneller. Dawid zog die Notbremse und verkaufte Adzoom. Mit seinem heutigen Unternehmen Finest Audience erfand er sich als Unternehmer neu. Er ist die treibende Kraft hinter vielen Personal Brands und macht mehr Gewinn bei weniger Zeiteinsatz – und bei mehr Lebensqualität. Dawid ist seit langem finanziell unabhängig und lebt nach Aufenthalten in Dubai heute mit seiner Familie in Dortmund. Sein Erfolgswissen gibt er in Vorträgen und im Online-Mentoring weiter. Mehr unter https://finest-audience.de.

Gratis-Zugang für alle Leser:

Grundkurs für effektive Werbeanzeigen bei Facebook und Instagram.